绿色发展通识丛书
GENERAL BOOKS OF GREEN DEVELOPMENT

让沙漠溢出水的人
寻找深层水源

［法］阿兰·加歇／著

宋新宇／译

中国文联出版社
http://www.clapnet.cn

图书在版编目（CIP）数据

让沙漠溢出水的人：寻找深层水源 /（法）阿兰·
加歇著；宋新宇译. -- 北京：中国文联出版社，
2021.6

（绿色发展通识丛书）

ISBN 978-7-5190-4578-4

Ⅰ. ①让… Ⅱ. ①阿… ②宋… Ⅲ. ①深层水 – 找水
Ⅳ. ①P641.13

中国版本图书馆CIP数据核字(2021)第099406号

著作权合同登记号：图01-2018-6608

Originally published in France as:

L'homme qui fait jaillir l'eau du désert by Alain Gachet

© JC Lattés,2015

Current Chinese language translation rights arranged through Divas International, Paris ／ 巴黎迪法国际版权代理

让沙漠溢出水的人：寻找深层水源
RANG SHANGMO YICHUSHUI DE REN : XUNZHAO SHENCENG SHUIYUAN

作　　者：[法] 阿兰·加歇	
译　　者：宋新宇	
	终 审 人：朱彦玲
责任编辑：胡 笋 贺 希	复 审 人：蒋爱民
责任译校：黄黎娜	责任校对：胡世勋
封面设计：谭 锴	责任印制：陈 晨

出版发行：中国文联出版社
地　　址：北京市朝阳区农展馆南里10号，100125
电　　话：010-85923076（咨询）85923000（编务）85923020（邮购）
传　　真：010-85923000（总编室），010-85923020（发行部）
网　　址：http://www.clapnet.cn　　　　　http://www.claplus.cn
E - m a i l：clap@clapnet.cn　　　　　　hus@clapnet.cn

印　　刷：中煤（北京）印务有限公司
装　　订：中煤（北京）印务有限公司
本书如有破损、缺页、装订错误，请与本社联系调换

开　　本：720×1010	1/16
字　　数：108千字	印　　张：14.25
版　　次：2021年6月第1版	印　　次：2021年6月第1次印刷
书　　号：ISBN 978-7-5190-4578-4	
定　　价：46.00 元	

"绿色发展通识丛书"总序一

洛朗·法比尤斯

1862年，维克多·雨果写道："如果自然是天意，那么社会则是人为。"这不仅仅是一句简单的箴言，更是一声有力的号召，警醒所有政治家和公民，面对地球家园和子孙后代，他们能享有的权利，以及必须履行的义务。自然提供物质财富，社会则提供社会、道德和经济财富。前者应由后者来捍卫。

我有幸担任巴黎气候大会（COP21）的主席。大会于2015年12月落幕，并达成了一项协定，而中国的批准使这项协议变得更加有力。我们应为此祝贺，并心怀希望，因为地球的未来很大程度上受到中国的影响。对环境的关心跨越了各个学科，关乎生活的各个领域，并超越了差异。这是一种价值观，更是一种意识，需要将之唤醒、进行培养并加以维系。

四十年来（或者说第一次石油危机以来），法国出现、形成并发展了自己的环境思想。今天，公民的生态意识越来越强。众多环境组织和优秀作品推动了改变的进程，并促使创新的公共政策得到落实。法国愿成为环保之路的先行者。

2016年"中法环境月"之际，法国驻华大使馆采取了一系列措施，推动环境类书籍的出版。使馆为年轻译者组织环境主题翻译培训之后，又制作了一本书目手册，收录了法国思想界最具代表性的 33 本书籍，以供译成中文。

中国立即做出了响应。得益于中国文联出版社的积极参与，"绿色发展通识丛书"将在中国出版。丛书汇集了 33 本非虚构类作品，代表了法国对生态和环境的分析和思考。

让我们翻译、阅读并倾听这些记者、科学家、学者、政治家、哲学家和相关专家：因为他们有话要说。正因如此，我要感谢中国文联出版社，使他们的声音得以在中国传播。

中法两国受到同样信念的鼓舞，将为我们的未来尽一切努力。我衷心呼吁，继续深化这一合作，保卫我们共同的家园。

如果你心怀他人，那么这一信念将不可撼动。地球是一份馈赠和宝藏，她从不理应属于我们，她需要我们去珍惜、去与远友近邻分享、去向子孙后代传承。

2017 年 7 月 5 日

（作者为法国著名政治家，现任法国宪法委员会主席、原巴黎气候变化大会主席，曾任法国政府总理、法国国民议会议长、法国社会党第一书记、法国经济财政和工业部部长、法国外交部部长）

"绿色发展通识丛书"总序二

万钢

　　习近平总书记在中共十九大上明确提出，建设生态文明是中华民族永续发展的千年大计。必须树立和践行绿水青山就是金山银山的理念坚持节约资源和保护环境的基本国策，像对待生命一样对待生态环境。我们要建设的现代化是人与自然和谐共生的现代化，既要创造更多物质财富和精神财富以满足人民日益增长的美好生活需要，也要提供更多优质生态产品以满足人民日益增长的优美生态环境需要。近年来，我国生态文明建设成效显著，绿色发展理念在神州大地不断深入人心，建设美丽中国已经成为13亿中国人的热切期盼和共同行动。

　　创新是引领发展的第一动力，科技创新为生态文明和美丽中国建设提供了重要支撑。多年来，经过科技界和广大科技工作者的不懈努力，我国资源环境领域的科技创新取得了长足进步，以科技手段为解决国家发展面临的瓶颈制约和人民群众关切的实际问题作出了重要贡献。太阳能光伏、风电、新能源汽车等产业的技术和规模位居世界前列，大气、水、土壤污染的治理能力和水平也有了明显提高。生态环保领域科学普及的深度和广度不断拓展，有力推动了全社会加快形成绿色、可持续的生产方式和消费模式。

推动绿色发展是构建人类命运共同体的重要内容。近年来，中国积极引导应对气候变化国际合作，得到了国际社会的广泛认同，成为全球生态文明建设的重要参与者、贡献者和引领者。这套"绿色发展通识丛书"的出版，得益于中法两国相关部门的大力支持和推动。第一辑出版的 33 种图书，包括法国科学家、政治家、哲学家关于生态环境的思考。后续还将陆续出版由中国的专家学者编写的生态环保、可持续发展等方面图书。特别要出版一批面向中国青少年的绘本类生态环保图书，把绿色发展的理念深深植根于广大青少年的教育之中，让"人与自然和谐共生"成为中华民族思想文化传承的重要内容。

科学技术的发展深刻地改变了人类对自然的认识，即使在科技创新迅猛发展的今天，我们仍然要思考和回答历史上先贤们曾经提出的人与自然关系问题。正在孕育兴起的新一轮科技革命和产业变革将为认识人类自身和探求自然奥秘提供新的手段和工具，如何更好地让人与自然和谐共生，我们将依靠科学技术的力量去寻找更多新的答案。

2017 年 10 月 25 日

（作者为十二届全国政协副主席，致公党中央主席，科学技术部部长，中国科学技术协会主席）

"绿色发展通识丛书"总序三

铁凝

这套由中国文联出版社策划的"绿色发展通识丛书",从法国数十家出版机构引进版权并翻译成中文出版,内容包括记者、科学家、学者、政治家、哲学家和各领域的专家关于生态环境的独到思考。丛书内涵丰富亦有规模,是文联出版人践行社会责任,倡导绿色发展,推介国际环境治理先进经验,提升国人环保意识的一次有益实践。首批出版的33种图书得到了法国驻华大使馆、中国文学艺术基金会和社会各界的支持。诸位译者在共同理念的感召下辛勤工作,使中译本得以顺利面世。

中华民族"天人合一"的传统理念、人与自然和谐相处的当代追求,是我们尊重自然、顺应自然、保护自然的思想基础。在今天,"绿色发展"已经成为中国国家战略的"五大发展理念"之一。中国国家主席习近平关于"绿水青山就是金山银山"等一系列论述,关于人与自然构成"生命共同体"的思想,深刻阐释了建设生态文明是关系人民福祉、关系民族未来、造福子孙后代的大计。"绿色发展通识丛书"既表达了作者们对生态环境的分析和思考,也呼应了"绿水青山就是金山银山"的绿色发展理念。我相信,这一系列图书的出版对呼唤全民生态文明意识,推动绿色发展方式和生活方式具有十分积极的意义。

20 世纪美国自然文学作家亨利·贝斯顿曾说："支撑人类生活的那些诸如尊严、美丽及诗意的古老价值就是出自大自然的灵感。它们产生于自然世界的神秘与美丽。"长期以来，为了让天更蓝、山更绿、水更清、环境更优美，为了自然和人类这互为依存的生命共同体更加健康、更加富有尊严，中国一大批文艺家发挥社会公众人物的影响力、感召力，积极投身生态文明公益事业，以自身行动引领公众善待大自然和珍爱环境的生活方式。藉此"绿色发展通识丛书"出版之际，期待我们的作家、艺术家进一步积极投身多种形式的生态文明公益活动，自觉推动全社会形成绿色发展方式和生活方式，推动"绿色发展"理念成为"地球村"的共同实践，为保护我们共同的家园做出贡献。

　　中华文化源远流长，世界文明同理连枝，文明因交流而多彩，文明因互鉴而丰富。在"绿色发展通识丛书"出版之际，更希望文联出版人进一步参与中法文化交流和国际文化交流与传播，扩展出版人的视野，围绕破解包括气候变化在内的人类共同难题，把中华文化中具有当代价值和世界意义的思想资源发掘出来，传播出去，为构建人类文明共同体、推进人类文明的发展进步做出应有的贡献。

　　珍重地球家园，机智而有效地扼制环境危机的脚步，是人类社会的共同事业。如果地球家园真正的美来自一种持续感，一种深层的生态感，一个自然有序的世界，一种整体共生的优雅，就让我们以此共勉。

2017 年 8 月 24 日

（作者为中国文学艺术界联合会主席、中国作家协会主席）

目录

序言

第 1 章　从自然到科学，从科学到人类（001）

第 2 章　水瓶座（026）

第 3 章　石油冒险（046）

第 4 章　寻金者（067）

第 5 章　利比亚的发现（077）

第 6 章　达尔富尔危机和真理的考验（083）

第 7 章　紧急人道救援任务（100）

第 8 章　水和人类社会的未来在哪里？（142）

跋：最后的进攻（169）

附录（173）

专业词汇表（186）

序言

从阅读维克多·雨果和爱冒险的儒勒·凡尔纳，到后来阅读开普勒、牛顿和帕斯卡，他们都激励着童年的我。读这些书倒不是为了变得高尚，而是因为儿时的我和家人居住在南非塔那那利佛[①]。那个时代的南非，既没有无线电广播，也没有电视，家里砖木结构的高屋客厅中，书架上只摆着这些书籍。后来读到狄德罗和达朗贝尔的百科全书，促使我不断地思考大自然，思考她神秘之美的形成原因，后来我确定这就是我前行的方向。那时，我就开始了勘探之旅，收集蝴蝶标本、去森林里采集矿石。

后来我的生命中出现了其他的大师级人物，为我授业解惑，让我理解了、爱上了量子力学、核物理学。比如巴黎第七大学的贝尔纳·狄越[②]先生便是我的恩师，他师从理查德·菲

[①] 塔那那利佛是印度洋岛国马达加斯加的首都。（译者注）

[②] Bernard Diu.

利普斯·费曼① 和柯罗德·科昂·塔努吉②，两人都是诺贝尔物理学奖得主，他们为我开启了连接宇宙的神圣之门，把从无穷小到无穷大的知识传授给我。

由于他们慷慨传授的知识，使我成了矿业工程师、勘探者、发现者、发明者。我对别人给我扣的"学者"帽子，总是不以为然。我喜欢把自己称作发明者或发现者。我曾在非洲古代王国的遗址上做过考古发掘，还发现了几件文物；也曾在中东的沙漠中找到了消失的宝藏。

但是在最近的十几年间，我的生活围绕着一项新的水利勘探方法展开，这种方法极高效。

它结合地球观测卫星传回的光学和雷达图像，把多种技术融合在一个算法里，并利用这个算法处理地质、地球物理学、地貌学和气候数据。这项发明融合了我在纷繁的职业生涯中所学习、掌握的技能——我最初是物理学者，在一家大

---

① 理查德·菲利普斯·费曼(1918年5月11日—1988年2月15日)，是20世纪后半叶最有影响力的物理学家之一，主要在相对量子电子动力学、夸克和超级液体氦方面有重要贡献。

② 柯罗德·科昂·塔努吉是法国物理学家，于1933年4月1日生于阿尔及利亚君士坦丁。1997年诺贝尔物理学奖获得者，获奖原因是发展了用激光冷却和捕获原子的方法。

的跨国集团担任石油勘探地质专家，后来到非洲的热带丛林和沙漠里寻找金矿。

葡萄牙诗人佩索阿说过："无论做什么事情，都要全身心投入""想要伟大，必先完整"。我不是学者，更不是诗人，而是粗糙的实用主义者，工作时做不到诗兴大发、信手拈来、抒情写意。随着一个个项目做下来，我越来越坚信，无论我们碰到什么问题，即便在最令人绝望的时刻，总会找到相应的解决方案。没人能描述出我们的世界究竟有多么瑰丽多彩。这就是为什么即便我在最悲惨的时刻，也能保持乐观心态的原因，我会在本书中详细介绍我所经历的悲惨时刻。

虽然本书以第一人称开启，但我并没有忘记所有支持我的人——我的妻子、子女、我在法国和全世界的朋友们。他们大多在科研领域工作，比如美国地质勘探局、乔治·华盛顿大学、都灵大学、美国国家航空航天局①、加拿大航天局。朋友们的新想法给我启发，让我对未来充满希望，勇往直前。

我的发明很大程度上得益于"星球大战"。"星球大战"违背常理，但促使我们这个时代最伟大的科学巨人们，在美

①美国国家航空航天局是美国航空航天管理部门。下文简称"美航局"。（译者注）

国最知名的大学里会聚一堂。这些年轻人会聚在一起，想象、构思、制作新的太空武器，以及可以全天候进行观测的光学卫星，这些卫星能够在800千米的高度看到地面报纸的大字标题；红外线卫星可以探测到西伯利亚尽头某个地方导弹点火，现在更可以测量到房屋热量的泄漏程度，以改善房屋的隔热保暖；而远程通信卫星则可以实时传输画面、电视节目及全球定位系统[1]。

昨天超大功率的计算机已变成了现在的家用计算机和移动电话。它们为互联网铺上了第一块基石。同样的例子不胜枚举，可当我们每天使用技术奇迹的时候，却没有意识到这是奇迹。

我是美航局的孩子，从小就迷恋太空。如果没有美航局，如果美航局没有用互联网在全球免费播放卫星图像，那我就不能发明出新的勘探行业。

我喜欢新概念，喜欢其引发的形式变化。我跟随直觉——它是我的北极星，当我处在黑暗中，能敏锐地感觉到它的存在。我曾在非洲俾格米人的陪伴下，进入原始森林工作。我和他们一起走路，讨论俾格米祖先传下来的学问和实践知识，运用到自己的工作中，和自己的雷达超声波结合在一起使用，发现了若干不为人所知的矿化地质结构。也正是得益

---

[1] 地理定位系统。

于此，我才在中非的热带丛林深处发现了我人生第一批金矿和铁矿。

永远不会有人告诉你，神话的力量有多大。神话来自知识，知识的宝贵毋庸置疑。荷马的《伊利亚特》和《奥德赛》让海因里希·施里曼[1]重新发现了特洛伊和迈锡尼两座城市。我也效仿他：在北海工作的时候，利用钻井任务之间的假期，带着《旧约》去美索不达米亚进行考古发掘。

2002年，我为壳牌公司寻找石油，使用雷达的时候，我恰好在利比亚苏尔特沙漠里检测到大片的漏水区域。漏水的是穆阿迈尔·卡扎菲的大人工河，漏水区达几十亿立方米，此前从未有人觉察到。

为了定位漏水区，我发明了Watex（Water Exploration的简称）水源勘测系统，利用两年时间，殚精竭虑，最终把仪器开发到精准的程度。

这套水源勘测系统和哈勃太空望远镜原理相同，能排除大气、地表所有干扰因素，让我迅速发现了多处深水层，此

---

[1] 海因里希·施里曼（1822—1890），德国商人和考古业余爱好者。出于童年梦想，他毅然放弃商业生涯投身于考古事业，使《荷马史诗》中长期被认为是文艺虚构的国度——特洛伊、迈锡尼和梯林斯重见天日。（译者注）

举轰动一时。疯狂的抱负变为现实，我成为水源勘探事业的奠基人。若干年的苦苦等待之后，突然有一天，检验真理的时刻到来了：

——2004年2月，达尔富尔25万移民大潮蜂拥而至，乍得东部边境沿线的灾难如井喷般爆发。位于日内瓦的联合国难民署面临几百万美元的饮用水物流支出，成批的卡车将饮用水送到难民营，而在战区，卡车运输风险极大。在难民署的紧急召唤下，我奔赴现场，争取在当地为难民找到可饮用水，这是我第一次测试自己发明的水源勘探仪。当水从图卢姆①和依利迪米②的难民营喷涌而出的时候，我第一次尝到了胜利的快乐。这次胜利是我一连串冒险和不幸的开端，以后再也没能停止。

——2004年7月，我和白宫地图绘制师兼康多莉扎·赖斯的顾问、现已过世的比尔·伍兹③相识。2005年6月，他邀请我去华盛顿。那时，我在达尔富尔一条干涸的河床里给难民找水，飞机正在村庄上方狂轰滥炸。在美国地质勘探局④的

---

① Touloum.

② Iridimi.

③ Bill Woods.

④ 美国地质勘探局是美国一个政府组织，专门从事地球科学的机构。

水文地质学家确认 Watex 勘测系统技术确实有效之后，美国国务院委托我对苏丹达尔富尔一片 20 万平方千米的区域进行勘察，寻找那里的潜在含水层。

——2006 年 5 月，我应美国国际开发署[①]和美国地质勘探局之邀，到苏丹喀土穆给联合国儿童基金会[②]介绍我的成果，并成立四十家非政府组织[③]，旨在对达尔富尔的法希尔[④]、尼亚拉[⑤]、杰奈纳[⑥]难民营附近几千个潜在水源进行钻探，这些水源的准确位置就标在我新绘制的地图上。当时 250 万人口正在进行迁移，这些水源对他们至关重要。

——2007 年春天，联合国儿童基金会邀请我到苏丹的北达尔富尔首府法希尔参加研讨会。有 5 万迁移人口在当地居住。但此时喀土穆正在遭遇 300 名叛军进攻，我无法离开宾馆。三天宵禁完毕以后，我才见到紧急赶到喀土穆的钻井工

---

① 美国国际开发署是美国政府独立的联邦机构，负责国际经济发展和世界人道援助，直接接受总统、国务院和国家安全理事会的监督。

② 联合国儿童基金会，旧称为联合国国际儿童紧急基金会，是联合国的一个下属机构，专门改善和推进儿童的生活条件。

③ 非政府组织一般附属于联合国。

④ El-fasher.

⑤ Nyala.

⑥ El-Geneina.

作人员，为他们进行情况说明。自 2006 年研讨会以后，他们使用我首创的地图，已经挖掘了 1700 口水井，成功率达 98% ——期待已久的大面积试验区结果出炉，终于证明新方法是高效的。

——2009 年 6 月 15 日，美国一家叫 JAM 的非政府组织邀请我参加安哥拉战后的重建工作。我在洛比托 - 卡通贝拉^①地区的矿田里，找到了可供几百万人饮用的储备水源，并在海边找到了一个位于海平面以下的巨型含水层。当时霍乱病毒已经入侵盐田，在高效的水源定位系统引导下，用一个挖掘机便可以让淡水从地下喷涌而出。

——2010 年 8 月 20 日，联合国教科文组织^②选中我们的水源勘测系统，绘制伊拉克地下水资源地图。我在伊拉克库尔德自治区的埃尔比勒度过了近 6 个月时间，收集全国水文地质档案，为伊拉克政府培训第一批项目专家。

2013 年，肯尼亚政府要求我评估肯尼亚西北部地下潜在水源，如果确实存在的话，需要预测储水量。在联合国教科文组织的支持下，我用新绘制的地图，协助挖掘了一组钻

① Lobito- Catumbela.

② 联合国教科文组织，即联合国教育、科学及文化组织。在下文中简称"教科文组织"。（译者注）

井，结果让我感到吃惊，发现深层饮用水储水层不止一个，而且水源还可再生。这些水源分别在洛德瓦尔——100亿立方米，图尔卡纳的劳提基皮①——2000亿立方米。图尔卡纳是肯尼亚最干旱、最贫瘠的地区，与南苏丹、乌干达、埃塞俄比亚为邻。

不到一年时间，得益于新发现的可饮用水，洛德瓦尔人民迎来了一年以前根本无法想象的农业繁荣。水从输送管道流出来便可直接饮用，羊群不再因口渴而死亡，城市获得了持续的清水供给，而且这些含水层都是可再生的——这样便可保证地区的长期繁荣。

——2013年，在多哥共和国总统福雷·纳辛贝的要求下，我在多哥北部定位到若干水源。在北部地面不牢固的沙漠草原区，发现了约7000亿立方米的深层可饮用水，在南部也发现了可以供给海滨城市的可饮用再生淡水。

——2014年以来，联合国委托我全面定位伊拉克境内的所有水源分布，旨在帮助库尔德自治区的所有难民社区。这个项目复杂、危险，底格里斯河和幼发拉底河的水坝受到威胁，水体已经污染，不能再作饮用水源。

——现在众多国家政府和金融机构直接向我征求咨询意

---

① Lotikipi.

见，并要求提供服务，但我的个人社交圈仅限于在日常工作和生活中支持我的朋友们。

我希望在本书中和大家谈谈我在非洲和中东发现深层水源的经历。在当地不合时宜、过于刻板的发展背景下，我的战斗是孤独的，常常是绝望的。

但我一生坚信没有治不好的疾病，人类只有迎接困难的挑战，才会进步。如果没有厄运和冲突，人类的进步就是不真实的，也不能持久。

接下来我的叙述就是朝着这个方向展开的。

几个数据

全球有11亿人喝不到安全的可饮用水。180万儿童因喝下非饮用水而感染疾病、致死。半个世纪以来，有55亿人，即世界总人口的三分之二，因水资源减少而经历用水紧张。从现在开始的20年内，发展中国家人口将增加3倍，需要更多的灌溉用水，城市化进程继续加速，气候变化加剧，这些都是导致水资源减少的因素。

为了控制水资源而发生的冲突将只增不减，冲突主要集中在干旱及半干旱国家，这使当地国家的发展更加畸形。世界气候问题和某些国家降雨量减少，也使冲突更加激烈。

水流蜿蜒，江河流域不会考虑边界水源的归属问题，由于无法界定冲突，所以问题更加棘手。多瑙河流经十个国家，每个国家都饱受干旱之苦，但同时又都是污染的罪魁祸首。

但是要知道，重要的历史冲突都发生在地面水源——即江河湖泊附近，大江大河包括尼罗河、底格里斯河、幼发拉底河、布拉马普特拉河、恒河、印度河。时至今日，人类文明的起源、进步与发展都得益于水的哺育和滋养，如摩亨佐-达罗文明、苏美尔文明、尼罗河流域的古埃及文明、柬埔寨的吴哥窟高棉文明。

可地球上的地面水总量有多少呢？用以维持生命的淡水少之又少，仅为海洋含水量的 0.7% 不到，河流储水量仅为全球淡水总量的 1% 而已。

由于地面水干涸速度快，而且会因污染而无法饮用，我们期望就寄托在深层水上面了，因为深层水总量是江河水总量的近一百倍。

大部分的地下深层水储备，至今还不为人所知。因此全球深层水分布图的绘制、水层的再生方式、深水层的保护措施等问题具有重大的战略意义。

迄今为止，人类的生活一直围绕地面水资源展开，主要城市聚居地都是沿湖泊、河流、海滨建设。在地面可饮用水附近取水、用水方便，人们便在附近聚居。不过，饮用水是稀有资源，仅占地球总水量的 0.007%。

2010 年，海岸线 100 千米范围内，聚居着沿海地区 80% 的人口，例如美国东北部沿岸城市群、日本太平洋沿岸城市群、中国和印度沿海城市带、环澳大利亚城市带。

地面水分布极不均匀，亚马孙河储水量占全球河流储水总量的 16%；而干旱地区占地表面积的 40%，但含水量只占全球可使用地面水总量的 2%。然而，粮食需要灌溉，食品消耗了世界淡水使用总量的 70%，在干旱地区更达到了淡水总量的 90%。

国际减灾战略机构[1]研究表明，在过去十年间，90% 的自然灾害由水引起。海啸、洪水、干旱、污染、暴风雨等气候灾难使相关国家陷入困境。洪水、干旱是和淡水有关的灾难，致死人数最多，阻碍社会、经济发展，发展中国家更是不堪重负。

世界各国都依靠生态系统生存，薄弱的生态系统在当下深深受制于两个因素——污染和人口爆炸，这两个因素已如野马脱缰，人类对之束手无策，另外，全球气候变化也让人

---

[1] United Nations Office for Disaster Risk Reduction.

类饱受折磨。这三个因素使水源危机日益加剧，发生世界性灾难的必要条件都已赫然在目。

首先是污染问题。污染使地面淡水资源减少。每天约有两百万吨垃圾排入水体，主要包括工业废水和化学品、污水废水、农业废弃物（肥料、农药、农药残留）。虽然我们还没有准确的数据显示污染范围和严重程度，但据估算，全世界产生废水约为 1500 立方千米。假设 1 升废水可污染 8 升淡水，那么全球受污染淡水可达 1.2 万立方千米。

联合国教科文组织水科学部主任斩钉截铁地把水污染定性为名副其实的"定时炸弹"。他认为，就欧洲地下水储备而言，"可以说第一含水层已经无法使用，里面硝酸盐和磷酸盐浓度过高，我们只得向更深处开采，希望第二含水层存在"[1]。

其次是人口大爆炸。2025 年世界人口预计会达到 87 亿。

一万两千年前，大冰河时代结束，进入马格德林时期——人类走出洞穴，开始定居生活，掌握了畜牧业和农业，世界人口不到 2.5 亿。

通过新石器革命，人类掌握了畜牧业，开始调动资源，

---

[1] 根据联合国教科文组织世界水理事会成员佐罗斯·纳吉（Szöllösi-Nagy）在《未来的国度：争议和机遇》报告中提到的观点，此报告由纽约联合国大学美国理事会出版。

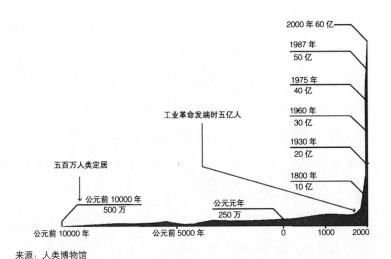

新石器时代以来人口发展演变

（农业出现）

进行农业生产；同时，人类受到疾病、流行病、战争等偶然因素的制约，在将近一万年的时间里，人口数量一直保持平衡，数量相对稳定。

工业革命开始仅几十年，就打破了之前数千年的平衡——人口骤然增长了100倍，全球城市化进程加剧，制定了公共卫生标准，预防医学取得进步，发明疫苗。

一个世纪以来，人口增长尤其迅速。现在地球有60亿人口，在人类历史上前所未见，当代人迫不及待地将此定性为"进步"，实际上更像是把细菌放在培养皿里加速繁殖。

最后是气候变化：在干旱地区，降水量下降了10%，湖泊河流水量减少了40%—70%，乍得湖和咸海的水量减少是具有代表性的案例。在离赤道远一些的寒冷地带，春季冰雪融化时的温差比以往增大，导致洪水暴发，而河流枯水期的水流量降低。

气候变化导致大陆冰川和极地冰川加速融化，特别是南极洲冰川融化，导致海平面持续升高，20世纪海平面升高了17厘米。《政府间气候变化专家委员会2007年报告》估计，海平面到2100年将上升18—42厘米。联合国2012年发布的一项研究[①]则把这一预测升至0.5—1米。

海平面上升，未来会直接威胁到80%的世界人口，他们集中居住在沿海大城市，将导致沿海含水层全部盐渍化，而沿海含水层正是供给沿海大城市淡水的主要来源。大陆冰川的减少，特别是中亚大片可耕种平原边缘的大陆冰川减少，已经在哈萨克斯坦、乌兹别克斯坦、塔吉克斯坦诱发了社会群体之间的新冲突，依靠融雪补给的地下水位减退，但人类

---

① 数据为2012年11月28日在多哈举行的联合国气候第十八次会议上公布的研究结果。

对之束手无策。

在这种情况下，是不是要考虑未来水资源及其人力、财力成本的平衡问题？

联合国教科文组织的世界水理事会，针对未来35年可能出现的局面进行了分析。理事会主席佐罗斯·纳吉先生指出："我们缺少足够的数据，手里的样本大都只适合北美和欧洲的情况，我们对非洲的数据一无所知，水蒸气在大气中的循环是世界性的，所以非洲的角色至关重要。但由于数据不足，我们根本无法得知未来气候的走向。"

现在加利福尼亚的农业生产者在汲取水源的时候，无须考虑地下水资源的成本，出售农产品时，水的成本几乎计算为零。而肯尼亚北部图尔卡纳的牧民和他们的牲畜，却因为口渴而濒临死亡。加州帝王谷滥用水源已经导致地下水干涸，当地居民的水龙头里已经流不出水，他们必须把水井继续往深里打。下次再出现悲剧的时候，恐怕就没有办法反转了。

怎样才能负担起饮用水匮乏的社会代价？我们需要考虑的不仅是非洲大陆水资源匮乏的社会代价，还要考虑全球水资源匮乏的代价。因地面水资源匮乏而引起社会不稳定、人口迁移、社会弱化，需要支付的成本是多少？水的价格应该是多少？由于饮用水、粮食匮乏而引起内战的成本是多少？

东非内战，南苏丹动乱的成本是多少？南苏丹动乱引起几十万人迁移的成本是多少？资源匮乏对人类身体健康产生影响的总体成本是多少？答案是损失巨大，而且失衡。

谨以此书献给 Yves Coppens 教授，我们对东非大裂谷怀有同样的热爱。

　　献给我的妻子 Frédérique，感谢她的克制和对我恒常不变的支持。

第1章
从自然到科学，从科学到人类

水的战争早已开始

阿尔贝·加缪说："人类历史是错误史，而不是真理史。"这些字句让我从童年开始便开启了漫长的旅途，从丛林探险到石油开发，再到现在去地球资源最贫乏地区寻找深层水源。

我追求的是切实、中立、非宗教的途径，而不是形而上学的，在达尔富尔亲眼看到的那些死去的人们眼中哀求的眼神，还日夜萦绕在我的脑海。为了人类，我应该继续我的征程，可代价是什么？

喝水是为了生存，但没人关心水的问题，因为水是免费的。因为没有规则限制水的使用，所以人们在有意无意要求免费用水的时候，经常要付出血的代价。虽然石油没法喝，但是大家都关心石油，因为石油可以拿来买卖。石油的使用有规可循，因为全世界都遵守石油的使用规则——能源可不是拿来开玩笑的。这个现象是违背常理的，整个人类社会都在默认这一事实，那么为了适者生存，我们是不是就要变得厚颜无耻、唯利是图呢？我们是不是为了要过太平日子、安逸生活而对其视而不见呢？

非洲是如母亲般哺育我的土地，我爱非洲就像爱一位胸怀宽广的母亲。这片辽阔的大陆上，绝大部分是未开发的处女地，一直让我魂牵梦萦。

我出生在非洲南部的马达加斯加岛，它如一艘宝船般从莫桑比克海峡指向印度。

冒险激发了我的灵感，指引我在这座群青色海洋围绕的赭石色岛屿上迈出了最初的步伐。那里，信风载着尘埃，潮湿的大山飘着芳香，绛红点燃峰顶的落日。就是在那里，激发了我对世界的最初情感，形成了我的世界观。

我出生的地区宛如天堂。我们居住在桑比拉诺河谷的中心地带，欧洲香料商人因为这里的香料作物（依兰、香草、香根草）香精纯度高而熟知此地。那里，森林的高树阴影下生长着咖啡树、可可树，它们散发出香味，合着远处飘来的香草、胡椒味道，气味独特、清淡，但有时会让人头晕。

印度洋独有的光线，随着风力强度不同、太阳位置的变化，时而把颜色照得饱满，时而赶走幽暗，有时也用一层轻纱雾帐挡住人们的视线。群山比高、嬉戏，夹着桑比拉诺河岸，在一天不同的时刻，宛如或蓝或红的栅栏。五颜六色的鸟类、狐猴、变色龙、无毒蛇、几千种蝴蝶，组成了一艘诺亚方舟，简直是一片处女地。

那时我四岁，父亲每次考察归来，我都翻看他带回来的箱子，沉浸其中，其乐无穷，里面满是地质珍宝、闪闪发光的神奇水晶、在这片富饶的土地上采集到的颜色斑驳的动植物标本。父亲供职于殖民地政府，是一名森林军官。父亲参与盘点、确切地说是开发原始森林的植物园。这是父亲真正属于自己的财富、宝藏、王国，这个王国几乎是独属于他，取之不尽、用之不竭的。

现在的巴黎自然历史博物馆里还有许多未知物种是以父亲的名字命名的。父亲是一位环保先驱者，向自然历史博物馆的教授、学者提供众多稀有物种，他们有时也会到遥远的岛屿拜访父亲。

父亲是第一个让我瞥见世界的美、黑暗、光明、危险、疑问的人。也是第一个跟我谈起冈瓦纳古陆——和恐龙一起消失的超大陆的人，他偶尔会带回来一些冈瓦纳古陆时期的脊椎骨，而养路工人则经常用这些脊椎骨在偏远的地区铺路。

父亲擅长自学，坎坷的过往和无常的命运造就了父亲，他用经验写就科学报告。父亲在桑比拉诺河三角洲超过20万公顷的广阔地带，护卫红树群落及其生物多样性，红树群落是深海鱼苗繁殖的好场所，公海鱼类的储备库。

移民到这片殖民地的人在此地建立了大型糖业公司，收购用红树烧制的木炭，父亲锲而不舍地和这些掠夺、吞食、破坏红树林的人作斗争。他们为了制服父亲，无所不用其极，但父亲像当地首领一样挺身挡在红树面前，把掠夺者告上法庭。

我到今天仍然没有理由不崇拜父亲，为了保护这片森林，使之免于烧杀抢掠、肆意踩躏，父亲展现了孤独作战的勇气、信义、正直。马达加斯加本地人常常会自己把森林付之一炬，表示对政治的抗议，他们根本没有意识到，损毁自己的环境无异于自寻短见。

岛上没有能源资源，这片奇妙的大自然不是用之不竭的，为了管理好它，重新植树造林是一直以来唯一切实可行的政策。这座伟大的岛屿现在遭受求生经济的蚕食毁坏，岁岁年年，愈加贫瘠。马达加斯加会不会成为下一个复活节岛？

父亲一次次在灰烬前绝望的身影让我惊愕不已：父亲二十年前亲自下令植下的树木一夜之间灰飞烟灭。我至今不能理解，为何半个世纪之后，我自己也遭遇同样的境遇。

从童年的马达加斯加开始，我跑遍了全球，穿越一片片沙漠，从卡拉哈里到撒哈拉，从澳大利亚到佐法尔再到中东，进入非洲、亚洲、中美洲的原始森林，在几乎所有的海洋上航行过。然而，在生命的第一个四十年中，我从来未对水、对人类发生过兴趣。

我一直对"伟大的对话"着迷，我所说的"伟大的对话"意思是通过基础物理学得以解密自然奇迹。我因之而成为寻找烃和矿石的勘探者、地质学者、地球物理学者。在北海发现气田，在刚果、加蓬、俄罗斯发现油田，在哈萨克斯坦、卡塔尔、叙利亚、西非为法国取得新的石油开发许可。1986年，在荷兰北海海域的勘探工程，使我获得埃尔夫[①]阿奎坦集团公司官方授予的创新奖。这些勘探工程中新发现的天然气矿，深达 3000 米以上。

我始终坚信石油是稀缺资源，帮助人类发展，不可思议。最小的体积居然可以发出最大的能量（核能除外），以液体的形态存在，使用管道或油船便可自由运输。石油是我们军事制胜、工业发展、全球社会现代化的关键。如果不能找到代替石油的物质，我们就会一直受制于石油。

整个人类社会生存和稳定的基础，不仅由石油构成，还有土地和水。这就是为什么我对烃发生兴趣的同时，还关注肥料。我发现了钾肥矿和磷酸盐矿，它们至今还是人类未知的领域，为明天人类的食物供给提供肥料。

但无论在哪个领域，人类的贪欲都是罪魁祸首。无论机构组织规模大小，无论国家强弱，对权力的渴求和贪欲，把

[①] 埃尔夫（ELF），即法国汽油润滑油公司的法文首字母缩略词，全称为 Essence et Lubrifiants Français，是法国国有石油公司。

他们推入传播虚假信息、内战和战争的深渊，只为了把财富和权力占为己有。

我了解的最糟糕的领域就是黄金和钻石界，两个领域都是用最小的体积换来最大货币值，两者都是走私贸易的基础业务构成。只要他们轻声召唤，任何经济条件的人都会失去理智。真是无法无天的冒险家王国。就像打牌一样，他们下赌注——或者全部翻本，或者加倍输钱，但他们绝不想输掉赌本，手枪明晃晃地就摆在桌子上。

我遇到的一位澳大利亚矿主幽默地形容他自己的金矿——像骗子孵出一个洞。

发现了这些矿藏，却引发道德沦丧、厄运连连，让我身心疲惫，转向寻找水源，那时在我的想象中，找水是一个"清白"的领域，贪腐不会那么严重，因为水没有市值。纯粹是幻想！结果是饮用水领域沾的鲜血比其他领域更多，因为水是用来喝的，没有水，连命都要丢掉。水虽然还没有在交易所上市，灌溉的土地却具有高价值，用黄金价格才能买到。所以，可灌溉农田让人对水的贪心大起。从达尔富尔危机到阿拉伯骑兵盗取田地的插曲都毫不留情地显示出这点来。

没有水便没有文明。这简直是一声怒吼，一个警示，至少是一个提醒吧。罗马人非常明白这个道理，把帝国的宗教信仰和宏伟的引水渠工程结合在一起，引水渠免费浇灌了地中海四周所有的大城市，这样的工程伟绩之高超，今天的人们都难以复制。不要忘记，这些伟大的工程一部分是基于奴隶和战犯的劳动成就的，他们保证了帝国稳定和繁荣了四个世纪。真是历史的嘲讽……今天人们好像已经忘记过去，全球人口向大自然发起挑战，前所未有。

少年时去卢浮宫，我靠近里面展出的黑色石碑，上面刻着楔形文字的《汉谟拉比法典》。看到三千年以前颁布的法律竟然对水作出书面规定，让我惊讶不已。这位新派的君主对灌溉、渠道保养制定出严苛精确的规定，管理严格，奠定了后来美索不达米亚若干世纪农业稳定繁荣的基础。在苏美尔早王朝时期，最早的文字刚刚出现，比巴比伦汉谟拉比还早1500年，乌玛城邦和拉格什城邦就发生了因水而起的冲突。这些城邦主要是因为灌溉农业而兴盛，他们居住在伊拉克南方，西部沙漠的边缘地带，如乌尔、尼普尔、拉格什、乌玛，都在底格里斯河和幼发拉底河交汇处附近。苏美尔人极有可能也颁布了一部或若干部规范水源使用的法典，后来启发了汉谟拉比。这段古老的历史告诉我们，几千年来，地理位置处于上游的城邦，如乌玛城邦，可以在经济上、政治上轻而易举地控制下游的城邦，如拉格什城邦，乌玛为了自己的利益而侵占幼发拉底河支流水道，控制拉格什。

没有其他新的方法，只有一个解决方案——战争，只有战争才能解决侵占河流的争端。如果历史记载没有错误的话，后来拉格什城邦使用武力和神力赢得了战争，成为这场冲突中理所当然的赢家，卢浮宫博物馆收藏的石碑——秃鹫碑上就有呈现。

戴高乐将军在《剑锋》里写道：抓住上边，就可以控制下边。在水力发电、水力外交方面，也是一样的：谁掌控上游，就掌控了下游。这句话在今天最好的注脚就是上游的伊拉克和下游的土耳其。

无论在哪个时代，想要包围堡垒都要从切断水源补给开始。"一战"期间，用水淹的方法挡住敌人：法国梅兹以可淹没敌人的工事闻名。"二战"期间，英国皇家空军轰炸的目标就是鲁尔区的水坝，降低工业发展的可能性，破坏德国水力发电能源。

"沙漠风暴"行动中，萨达姆·侯赛因将科威特所有油井付之一炬，不仅为了打垮科威特经济，而且为了连锁反应——波斯湾石油泄漏，把阿联酋海水淡化工厂一个一个地全部毁掉，把阿联酋判处"渴"刑。

他还为了惩罚一股对他有敌意的叛军，把自己国家南部的巴士拉城的沼泽地水排干，引发了农村人口大批外流，威弗瑞·塞西格在《沼泽阿拉伯人》中详尽描写的美丽文明全部被摧毁。

当然，问题有时候更复杂，2011年7月，我最近一次去伊拉克库尔德自治区，就遭遇了一次。

伊拉克和邻国土耳其和伊朗深陷危机，两个邻国大规模侵占流经本国的河流，以满足本国农业的需要。最近半个世纪以来，两国人口增长超过了两倍，他们为了"驯服"底格里斯河和幼发拉底河，在托罗斯峡谷多处曲折迂回地建造地基极深的大坝，让水留在土耳其和伊朗。

我常常乘飞机从农药和工业残留物污染的水流上空飞过。水流在美索不达米亚平原艰难地开辟出一条通道，细流蜿蜒，还没到达波斯湾清流中，就已消失在巴士拉沼泽地南部的盐渍地里。

卡伦河、卡尔黑河湍急的流水，也遭遇了同样的命运。古时候，这些河水供亚历山大大帝的士兵饮用，现在从底格里斯河里被改道供给苏兹农业区，还有十四条汇入的支流，不久之前还流入伊拉克南部的沼泽地。

位于大型河流下游的国家因此而经历慢性死亡，静静的流水声在某一天无疑会为震耳欲聋的隆隆枪炮声所代替。人口暴增无法避免，千年的平衡行将破碎。

最开始在库尔德自治区和伊拉克官方人员见面的时候，我执行的任务很受伊拉克欢迎，但会给土耳其邻居添些麻烦。最后几次在库尔德自治区针对方案进行谈判的时候，库尔德自治区地区政府的脸色由晴转阴，很快以失败告终。迅速转变的原因是什么呢？

土耳其人通过其国有企业——吉尼尔能源公司掌握了伊拉克库尔德自治区的全部气矿，远景是通过名为纳布科的输气管道为欧洲市场供应天然气。土耳其人的意见对伊拉克库尔德自治区首府埃尔比勒举足轻重。但我们在扎格罗斯山脉寻找水源、解决底格里斯河缺水问题的意愿好像让土耳其人不悦。土耳其人想用本国托罗斯山脉的水源和库尔德自治区的石油作为谈判的条件。如果库尔德人找到新的地下水储备，他们就不会和土耳其人以物换物了。

因此，库尔德人更想投入北约成员国的怀抱，以保证自身安全，而不想仅仅因为水的问题和土耳其发生正面冲突。这样，他们在自由自在地享受石油资源带来好处的时候，就可以免去迎战伊拉克中央政府的报复行为。与其和逊尼派、什叶派合作，还不如与土耳其分享石油。在中东水源问题上，这个小故事说明了一个新公式的诞生：能源——水——安全和地缘政治平衡。这里，水的价格包括天然气和对土耳其石油投资的保护；虽然土耳其和库尔德有历史上的冲突，但北约对库尔德的军事保护，是暗含在交易之中的。

我们从中可知水源一直是世界的战略要害，也是一件令人生畏的武器。

冲突的风险越来越高，处于大型河流上游的国家手里掌握着王权，无须明言，他们凭着大型水坝主导着处在下游的所有国家。埃塞俄比亚凭着青尼罗河主导苏丹和尼罗河，甚至凭着奥莫河主导肯尼亚 - 图尔卡纳，安哥拉控制博茨瓦纳的奥卡万戈，吉尔吉斯斯坦主导乌兹别克斯坦，等等。

但万幸的是前途无限光明：纵观世界降雨量概况，我们会看到所有处于深层的可饮用水和极地冰储备总量，是地面水储备的一百倍以上。可饮用水进入地下——地下断层、洞穴、多孔土壤孔隙和岩石孔隙把水赋存，其总量比地表可饮用水多三十倍以上。但这些地下水到底在哪里？新数据推翻了原来处于上游的国家对处于下游国家的主导地位的说法，深层水受到不同因素的影响，我将随着本书的发展向读者一一阐明。

另一个正面的因素就是水的循环。和其他地下资源不同，水是一种可再生资源。含水层岩石就像海绵一样储存雨水，水一直在地下流动，直到入海，而水在地下循环可能要经历几个世纪的时间。

最后，第三个幸运之处是，地下水由于所处位置深而免于污染，非专业人员也碰不到深层水。

地下深层可饮用水可能成为未来的财富，如果能检测到水的存在、确认水流位置，真正找到水、理解水的再生方式，但同时也要保证水的纯净度、使其免于污染，那就极有可能供人类使用。

现在，我们就要谈一谈地下深层可饮用水了。

首先，我们真的知道总量如此巨大的深层水隐藏在哪里吗？哪些机构、哪些国家对此做过盘点？很多大型机构的办公室内都挂着合成或综合地图，这些地图都是联合国或者很多非政府机构处理制作的。这些地图来源同一，所以长相类似。但人们无法根据缺乏精准度的一般性文件做出可操作性强的决策来，所以这些图并无用处。我们的目的是精确地确认深层水的位置，绘制出精准的深层水分布图，并且进行掘井测试，以确认我们预测结果的有效性。但实施这一工作步骤的障碍也是不胜枚举：地理障碍、地缘政治障碍、社会学障碍、在掘井地点直接碰到的安全问题。因为水有价格，要获得这些水得付出代价：流血，交换天然气，损失可灌溉土地，致使居民大量迁移，甚至可能引起种族大屠杀。

图尔卡纳湖的发现

2012 年，图尔卡纳。我们快速关上车窗，瘦骨嶙峋的面孔上深陷的眼眶已经贴在车窗上，披着破衣服的骨骼跟着我们，乞求我们给点水和吃的，明确的手势让我们在车上也不会误会他们的意思。虽然有配枪保镖在场，我们还是感到恐惧和无力，只能落荒而逃，可保镖却连眼睛都没眨一下。

图尔卡纳湖位于肯尼亚北部，连续五年的干旱下来，牲畜死了几十万头，1300 万人处于死亡边缘。

Watex 技术在苏丹达尔富尔、乍得、安哥拉、埃塞俄比亚几次成功之后，联合国教科文组织和肯尼亚政府把看起来无望的沙漠地区找水任务委托给我的公司，地点在乌干达、南苏丹、埃塞俄比亚和肯尼亚一带，若干不同民族的部落、不同国家的国民在这一带发生冲突，起因是争夺此地几处稀有的水源点。

2012年7月，我对这片未知区域做了第一次地质勘测，我对此地并没抱多大希望，当地人口不稳定，人身安全得不到保障，整个任务执行期我都面临这些危险。我手中的地图全是不准确的。另外，整个勘察期间都有肯尼亚军队车队跟随保护。

这次任务给我留下非常可怕的记忆。有一个年幼的女童，她是孤儿，父母遭人杀害。她在干枯的河床上用手挖了一个坑，她蹲在坑里，顶多六岁。父母给她留下的"临终圣餐"只有一个饭盒、一个金属杯和两头山羊。她每天都命悬一线，或者说命悬一口水，有了水，就可以让两头羊喝，它们就会回报给女孩儿一点奶。没有水，就没有奶，她已经知道了。她还知道，这水不能自己喝，喝了有可能中毒。

她抬起头，好奇地看到出现了平常看不到的白皮肤、白头发的男人。我向她伸出手，把她从坑里拉出来，自己跳进去，拿锹帮她继续挖。她好奇地看着我，好像在说：这个人在豺狼出没的地方做什么呢？可惜我也没能再挖出什么，卵石河床坚硬，只是多挖到几滴泥水而已，只能无奈地把饭盒还给她。

几个月没有下雨了。

我拿着锤子和指南针，在这片辽阔的领土上，按照我的卫星图像探测出的一连串路线，丈量了几个星期。这些路线通车吗？我之前并不知道。得冒着开几天车却要折回的风险前进。但我们对两辆结实的越野车很有信心，我们开着车多次绕远，干枯的河流边上有路障和塌方，开车的时候要避开，障碍和塌方已经把干枯的河流分成两段，地面的崩裂和悬崖的崩塌。

这一地区经常发生地震，暴风雨是常客，混杂着水和灰尘，猛烈程度实属少见。图尔卡纳湖环境极端恶劣：晨间的凉爽如昙花一现，太阳还未达天顶，凉爽之气便已消失不见。白天的时候，图尔卡纳湖边可以看到植被草木和鲜黄色的沙丘。但慢慢地人们就被一片 40℃ 左右的热雾包围，一直到下午，热雾才会渐渐消散。只有夜晚，气温相对凉爽，我们才能在满天星斗的苍穹之下恢复平静的呼吸。

离开图尔卡纳之前，一个念头突然在脑中浮现：也许营地附近会有狮子出现。按照此类任务的惯例，我们身上不可携带任何武器，只能完全依靠陪同军队的可流动性来保证安全。实际上，最让我们担心的是鳄鱼！这些可怕的巨兽经常出现在村边，吞食附近的狗，偶尔有几个不小心的孩子走到离茅屋远的地方，也会让鳄鱼吞掉。

肆虐的暴风可以把湖底的碎屑抛到岸上，让湖边陡峭的沙岸又厚了一层。偶尔能在碎屑里找到几百万年前的骨骼化石、恐龙的脊骨、巨型鱼类、绝世之美的蓝色玉髓卵石。如此多的宝物让人觉得湖边漫步不虚此行。碱水湖的湖水有一股小苏打的味道。

这次考察期间，我们到图尔卡纳湖西侧的拉普尔纳的火山群里，和意大利圣帕特里克教区传教团会合，他们负责给洛基唐附近的游牧民族年轻女孩提供教育机会。进到连绵的砂岩峭壁的隘路里，峭壁顶端戴了一顶玄武岩"王冠"，走进隘路会发现几口干涸已久的水源。要不是四周还有石灰华①，根本看不出泉眼的痕迹。夜幕降临，这些狭窄的峡谷不禁让人想起某部冒险电影里的埋伏剧情。最后我们在夜里顺利到达教区，但整个行程中，我们的神经时时刻刻都是紧绷着的。

气候变化及其引起的严重后果，和所有干涸的水源一样，图尔卡纳湖水位降低，既不是近期才出现，也不是一直如此，而仅仅是因为人类的存在。这是理查德·李奇教授的观点，他是杰出的环境专家、人种古生物学家，担任图尔卡纳湖盆地研究院院长。他是动物保护的先驱，伟大的大象保护者，在特克韦尔河畔创建了盆地研究院，研究院坐落在洛德瓦尔东部30千米，专门接待古人类学研究人员。

一天下午，我有机缘在可以俯视特克韦尔河的高处阶地

---

① 泉水活动的石灰沉淀。

上见到了李奇教授。太阳照耀下，砂岩悬崖闪着粉色、绛红的光辉，边缘则是一大片绿地和棕榈树。夜晚来临之前，在这样触手可及的美妙中，我见到了一个双腿截肢的男人：众多敌人企图谋杀教授，事先破坏了飞机的操纵系统——自然的捍卫者在靠贩卖象牙、犀牛角致富的腐败政客嘴里，都没有好口碑。

在学院的露台上，教授坚毅地做着康复训练，在两个假肢上痛苦地保持着平衡。他跟我解释说，很多湖泊都从风景中消失了，但当地居民还保持着祖先留下的回忆，继续在这片诸神抛弃的土地上，追寻丢失的天堂。就在几千年前，这边风景还是一片青翠，不乏水源，丰富的动物种类：羚羊、大象、河马、数不清的高角牛科动物群，就像撒哈拉沙漠中部的岩石上、阿尔及利亚南部阿杰尔高原的岩石上刻画的动物一样。

然后，他和我讲起更久远的时代：1974年，包括法兰西公学院伊夫·柯本斯[1]教授在内的一支国际团队，在更靠北的奥莫河谷的哈达尔发现了露西——一具小小的女性骨架。那时候，气候和现在非常不同，经常在稀树草原森林和沙漠气候之间变化。"但是，"他说道，"人类的特性就是适应各种环

---

[1] Yves Coppens.

境，人只有依靠自己才能找到应对一切变化的答案。"他用自己的话说出柯本斯教授的思想："让人类变聪明的是厄运和贫困，而不是富足和舒适。"

这次任务期间捡回的化石，我用了好几个星期才把它们拼好，把它们放在从美国航天飞机数据截取的带等高线的地图上。其中有一些淡水化石是在丈量路线时沿路捡到的，以前图尔卡纳湖的水位比现在高200米，说明干旱过程是几千年前才逐渐开始的。

再加上使用雷达图像，我知道了整体的水源情况，结果是之前没有遇到的，给了我一个惊喜。在这片环境恶劣的土地之下，有不下五个巨大的含水层在沉睡！这些是李奇教授口中提到的消失了几千年的湖泊吗？它们处在什么深度？

教科文组织一开始就持怀疑态度，好像只是出于学术目的才资助这个研究项目。我的公司此行的目的貌似只是研究，而不是找到水源。教科文组织没有想到会是这个结果，竟然不相信。他们对我说，如果真的有水，那人们早就知道了。确实，没人敢在这片广袤却充满敌意的沙漠里掘井，这里用暴力解决问题的居民，他们配不配人们关心他们的命运？接受这个挑战有什么用？可以获得什么利益？

对我来说，是利益还是挑战都没有关系：科学数据已经说明问题，应该进行测试，因为找到深层水的可能性已经超过了90%！

当然，也不是没有风险，为了拯救随时有生命危险的社群和牲畜，这个事业要投入几十万美元雇用钻井人员，结果可能是一无所得，况且当地的危险因素不止一个。但数据已经非常明确、集中，我觉得应该无所顾忌向前走。这样坚信的态度是过去二十年在艰苦严苛的石油勘探"学校"里学习的成果。深层水开采和石油开采的科学步骤是一样的：永远都要亲身验证头脑中的想法，否则这些想法就失去了价值，有这些想法的人也就失去了可信度。

剩下要做的，就是要找到一家有能力胜任这项工作的钻井公司，勘测至地下 400 米以下的深度，就能完全掌握五个含水层的潜在含水量。

投标的公司接踵而至。他们都声称有能力达到预定目标，但一看就知道他们水平有限：压缩机、掘井机械的质量直接就把他们淘汰了。好几个星期以后，我们终于找到一家合格的公司，可以帮助我们确认未知区域的水源是否存在。

2013 年 7 月，项目开始之后不到一年，整个团队终于在烈日之下的劳提基皮勘探点安顿下来。枯草覆盖的宽广平原上，钻井桅杆伸得比白蚁巢还高。每天，水罐车从钻井工地西南 40 千米开外的洛基乔基奥载来 15 吨水。制作泥浆的人工水塘，晚上是羚羊偷偷饮水的地方，白天则成为钻井工人的浴池，躺在里面便可以减轻阳光灼晒的疼痛。钻井团队分早晚两班轮流作业。钻杆被抛到地面，然后重新进入钻井桅杆，发出清脆撞击声。压缩机的轰鸣声远远就能听到，风舞到何处，静谧便跟到何处，周围50千米之内没有一个村庄、一棵树——这片地域根本无法居住。

钻杆下到120米的时候，钻工突然高声喊道："水！水！"泵口喷射出一柱砂砾，外面裹着一股液体。钻机刚刚穿过一个20米的含水层，满满地盛着水，首战告捷！我确信深处还有容量更大的潜水层在等着我们，便要求钻井公司不要松懈，一刻不停，深入钻井。

之后的日子里，我和钻井公司的关系越来越紧张，他们不理解为什么有了第一个胜利，我还不满足。直到钻到200米深度的时候，泵口又一次喷出砂砾和水，而且这一水层厚度达60米，他们才终于理解了我的用意，再一次面露喜色。可当我向他们宣布继续挖的时候，他们脸色又阴沉起来。确实，我想知道如果这口井打到400米的深度，会有几层水。对，我当时已经疯了。

钻到280米的时候，发生了第三次喷射，这层水一直到330米深，喷力更猛。压缩机已经气喘吁吁，钻柱变得很窄，气升泵过不去，不能完成生产测试，达不到预先期望的400米深度，只能停止勘探。接下来，必须在钻孔坍陷之前，完成三个连续水层的首次生产测试。

图尔卡纳全体居民不知道被哪股神秘力量召集，带着他们的妻儿和盆盆罐罐从四面八方赶到勘探场地。

压缩机隆隆作响，淹没在一片黑烟之中，它伸进钻孔把水、泥混合物从330米深处吸到地上来。正午光景，从远古时光里传出的一阵阵潺潺流水声，在人们的目光中，水从劳提基皮钻井中喷涌而出！男人们冷漠、怀疑、沉思，女人们则又惊又喜。各个阶层的人们排着队，会集在这眼生命之泉——男人、女人、孩子、动物都远远地发现了泉水的存在。这泉水的储备量达到几千亿立方米，将给他们带来安全。

这一含水层体积巨大，与我的预计是吻合的，从苏丹达尔富尔危机开始之后的2004年开始，我就一直试用这些新技术来寻找水源。

从美国"航天飞机雷达地形测绘使命"公布的地形数据看，这个巨大的蓄水层就是尼罗河古源头。尼罗鳄在图尔卡纳湖出现，也证实这个推论的正确性，因为尼罗鳄不属于印度洋鳄鱼，也不属于莫桑比克鳄鱼。

这一发现让当地绝望的人民依稀看到了未来的希望。有了这样多的可再生资源，每一口井都可以养活一片富饶的绿洲，成为一方和解、和平之地。确实，沙漠地带水源稀少，人们为了自身和牲畜的生存，引发战争在所难免。水源充足，大家便会更愿意分享资源，无论游牧民族，还是定居族群都能受益。广阔的劳提基皮平原，面积相当于比利时的三分之一，好几条河流都因为乌干达大高原和肯尼亚大高原每年丰沛的雨水而涨水。在这片广阔无垠、久旱不雨的大漠中，四溢的洪水形成无数条绿色的生命线，最后消失在沙漠深处——我刚刚发现的就是这些失踪的流水。

孩子们从来没有见到过如此大量、清澈、纯净的水，一个个在突如其来的淋浴下面玩了起来，大笑着、舞蹈着。图尔卡纳的男人们念着本地信仰诸神的圣号，为水源祈福，但也因为以前诸神抛弃他们那么久、让他们没有水喝而咒骂着，其实水一直就在那里，在他们的脚下。女人们则不由自主地围着白发巫师跳起舞来，感谢他们念诵的咒语。她们在那一刻明白了，她们的生活完全改变了，原来致富是天方夜谭，而现在已经触手可及。

这些舞蹈是我所收到的最感人、最发自内心的感谢，它来自地球上最干旱地区的人群。经过十年的努力，我的期待和梦想终于获得了回报。而我心里生出更大的期待，因为我知道现在可以畅想未来了。

人们认为，图尔卡纳人是游牧民族，这个定义下得太早了。他们从未奔向远方，离开这片不宜居的土地。他们在自己的土地上，为了生存，带着牲畜从一个地方流浪到另一个地方，寻找短暂易逝的水源。但他们记得，自己的家乡曾是一片繁荣的土地。他们不需要一位摩西来把他们引领到一块应许之地，因为那块土地就在他们的脚下，他们的祖先命令他们守住家乡。

有了井，他们终于找回了尊严，再也不需要向邻国低头行乞，求水求食。没有水，充满敌意的邻居们完全可以屠杀他们、从他们手里抢走牲畜。现在，他们可以在自己祖先留下的疆域定居下来，侍弄花园、养活全家。

剩下的工作就是在所勘探的全境范围内，确认其他三处水源，同时继续开发洛德瓦尔地区的一个巨型潜水层。图尔卡纳首府正下方是一片4千米的深层水体，上面是特克韦尔河。这条河向南到达肯尼亚大高原，向北则流入图尔卡纳湖。这是对特克韦尔河进行的第一次检测和勘探。

2013年，我第一次考察洛德瓦尔的时候，那里还是一个沉睡小镇，在特克韦尔河畔忍受热浪和贫困的蹂躏。上游的一个水坝把整条河控制住了，冬天只剩下几条细流蜿蜒前行。洛德瓦尔是贫困的城镇，是数十家非政府组织和教区传教团总部的所在地，这些机构分配国际捐助，以减轻此地人口的痛苦。

我的研究结果显示，在距城区5千米处有一个水量极大的含水层。勘探公司对此质疑，对我们的方案表示不解。好在刚钻第一口井时，水就在45—110米处喷射出来，接下来的第二、第三、第四口井都接连喷射出水。虽然洛德瓦尔附近反复干旱，但没有一位水文地质学家想到这里会有一处水体。

这个水体含水量应该超过100亿立方米，水的质量高得惊人，而且可以再生。一年以后——2014年，这处水源为整个城市供水，城市也因之发生了巨大的变化。这处水体的水如此纯净，不需要进行任何处理。从此以后，洛德瓦尔不再缺水，唯一让我不愉快的是，有几处私人房产里建了游泳池，里面装满了水。而洛德瓦尔周围 10 千米范围内，农业繁荣才初显。

这处水源的发现，让 17 座村庄获得供水，每天有不下两万头牲畜能饮到水。荒漠中的几亩薄田开始绽放生机，长出了高粱、玉米、菠菜、西红柿、洋葱，供应 1500 人食用，达到自给自足。图尔卡纳人修了供水点，动物们经常自己去饮水，不久之前，它们还像痛苦的幽魂一样，在城市垃圾场边上，找点少得可怜的吃食。

发现水源后不到一年，这些幸运之水就让人们找回了尊严和自由。一段布满怀疑和痛苦的孤独之旅结束了，这是对我唯一的、真正的酬劳。我的全身心投入获得了成功。

其他三处深层水体位于大旱肆虐的地区，还在等待勘探，游牧民族只能赶着牲畜，从一个临时水塘走到另一个临时水塘。他们经常被迫放弃最弱小的牲畜，留给鬣狗吃掉，他们也和其他平原部落一样，受到跟梅里雷部落、卡拉莫贾部落一样的持枪部族的劫掠。

但我怎么也不会想到，联合国教科文组织的巴黎水文地质学家们，进行了一场无聊冗长的论战，论题是这些含水层的储备和再生问题，当然，他们永远也找不到答案。专家们忙不迭地对勘探成果进行否定，而实际上却让教科文组织丢掉了应该从勘探成果中获得的巨大收益。教科文组织已经为辉煌的胜利付出了相当的代价。为了庆祝成功，教科文组织在内罗毕举行国际新闻发布会，但是，既没有邀请我，也没有邀请相关政府官员参加，更没有邀请图尔卡纳郡长出席，而图尔卡纳郡是此次发现结果的直接受益地区。

　　真像一盆冷水泼在头上！发现水源所带来的喜悦和欢乐一旦离去，我的脚又落回了地面。执行任务的孤寂、危险、安静、紧迫之后，胜利变成了光荣的失败，而且是在教科文组织面前刺眼地一败涂地：在巴黎配备空调的办公室里，他们控诉我使用闻所未闻的新技术盘活可灌溉土地，这样会引发土地投机，毁掉那里的人民，我成了"坏人""罪犯"。这就是巴黎的知识分子"思考"结论的概要。他们那么快就忘记了，2011年几十万头牲畜渴死，到发现新水源时为止，不过两年的时间，送葬队伍里还跟着数以千计的人类，他们痛苦至极，然而，水就在他们的脚下。

　　这些情况让我意识到，任重而道远，人的思想观念成熟是一个漫长的过程，必须顽强坚守，才能耐住多年的考验，达到既定目标。如果说在前行的路上，生和死作为活生生的现实问题，一直摆在我面前的话，那么真理与谎言也总是萦绕在身边。当然，无论是哪个国家陷入危机，在其重要的巨变时期，要想辨别出是现实还是幻想，并不容易——我称之为人性的弱点。

超越了厌恶和震怒之后，我知道在世界的某个地方，一定还有同样重大的发现在等着我去发掘。人类进行的这场技术大冒险，将是一段布满荆棘的长途跋涉，是人的自我和政经筹码之间的抗衡，说得露骨些，就是人的自我跟财富、权力之间的抗衡。

第 2 章　水瓶座

十五岁的我：水是生命也是战争

在喜爱化学、太空征服、物理、地理的同时，考古在我生活中所占的比重也越来越大。十四岁生日时，我收到别人送我的一本《圣经》，海因里希·施里曼的经历给我启发，我决定仔细剖析一下《圣经》的《旧约》。说不定有一天，我也能解决某些谜团，发现几座被人遗忘的城邦，找到一些埋在地下的宝藏。儒勒·凡尔纳的奇幻故事，不也夹杂了 19 世纪的科学发现吗？

痴迷于古代史的我，想亲自去看看以色列的圣经之地，便去征求父母的同意。他们的回答首先是否定的，但同时我也解除了他们的好些疑问。

我事先早已想象到他们的反应，就先去拜见了以色列驻塔那那利佛大使馆的文化参赞，他建议我先在加利利找到一个基布兹①家庭：我参加社区工作，整个逗留期间的全部费用由社区资助。

几个星期以后，我自豪地把一整套资料交给父亲，向父亲保证不花家里的一分钱，恳求父亲让我远行。父亲让我严密猛烈的攻势给镇住了，相继给使馆挂了两次电话，最后只能让步。1966年7月，十五岁的我出发了，父母二人的目光中，既有好奇，又有担忧和怀疑。

很快就到了上加利利地区埃夫龙基布兹，位于阿卡和纳哈里亚两城之间。这个小小的集体社区里住了400个人，大家很快就互相认识了。接待我的是一个匈牙利裔家庭，他们惊讶于我的年龄和决心，惊讶于我千里迢迢来到这里和他们分担事倍功半的工作，便时时关照我。黎明时分，监工把我从床上拎起来。第一个星期的工作，是在收获橙子之前，使用整枝剪把枯枝剪下来，和我一组的是一群年龄稍长于我的志愿者，他们来自澳大利亚、新西兰、美国。第二个星期则换到另外一个团队，任务是把棉花植株之间的野草拔掉。

天刚亮的时候，气温还算凉爽。突然，我们农田四周的篱笆上方一阵轰鸣，震动天际：一架歼击轰炸机从树顶冲出来。那时我还不知道，军事基地就在近前。

---

① 基布兹是以色列的一种集体社区，过去主要从事农业生产，现在则从事工业和高科技产业。（译者注）

大家惊恐的眼神纷纷转向辅导员，他用洪亮而欢快的声音回答我们："这就是生活，这就是战争。"后来我才知道，这架飞机是去轰炸叙利亚水坝的，那几天，水坝把约旦河在雅尔矛克区①的水给改道了。我那时便已知道生活和战争是可以兼容的，有时候竟是密不可分的。这个观念足以给在西方社会享受舒适生活的人们以强大思想的冲击。

我的故事在犹地亚沙漠继续。一天，我在恩戈地绿洲和埃拉特之间的一个地方，想搭顺风车，遇见了一位以色列水文地质学家，和他兴高采烈地聊了几分钟之后，他同意我加入他的探险之旅，用两天的时间横穿西奈半岛②的小路。他研究《旧约》中的段落，想找到摩西泉水。借此良机，我向他学习了不少东西。他是地质学家，到了所罗门王宝藏附近，便教我如何发现绿松石、如何认出铜矿石。但他给我上的最重要一课，是睁大双眼、细心观察。黄昏时分，他告诉我，在干涸的河床深处，藏着一群群瞪羚，它们轻晃着头，把角当作巫师的榛树棒使用。从一处到另一处的时候，瞪羚总是停下来，用蹄子蹭着地面。用这个方法确认地点后，它们就

---

① 雅尔矛克是叙利亚大马士革的一个行政区，面积约2.11平方千米。（译者注）

② 西奈半岛是一块北接地中海、南邻红海的三角形半岛。其西部边界是苏伊士运河，东北部边界为以色列和埃及国界，属于埃及领土。

会在 40—50 厘米深的地方，找到一洼清水，而这水在地面上是完全看不到的。

在耶利哥，我第一次听人说起一块遥远的土地——达尔富尔

两年后的 1968 年，我重回以色列，自由发挥我作为业余考古爱好者的特长，继续寻找《旧约》中的水源。古老的边境对约旦河西岸开放，从耶路撒冷到耶利哥，我终于可以参观享有盛名的库姆兰遗址，参观峭壁侧面洞穴，一个牧羊人曾在那里偶然间发现了著名的死海古卷（解释了《旧约》的一部分来源）。这块遗址并无建筑特色，地理位置居高临下，位于犹地亚沙漠东部高原的边缘，悬于恩法石拉绿洲的淡水源泉上方，死海的湖岸是咸的，淡水水流注入湖岸，形成一连串瀑布形状的绿色草地。

四周的峭壁，由于恶劣天气侵袭边缘形成了众多洞穴。在公元前的两个世纪里，艾赛尼人居住在库姆兰现址，把大量考古证据藏在洞穴里面，现在大部分洞穴里都有考古遗迹。艾赛尼人苦修、抄写《圣经》，全身心投入对圣典的研究和复制。复制品里没有任何书写错误。即使抄错，也不可以把书卷销毁，因为抄写本里是神的话语，因此就藏在四周洞穴的隐蔽处。这是现在人们能给出的最值得称赞的诠释之一，库姆兰的手写稿在众多考古学家的眼中，是 20 世纪最重大的发现。

伊加尔·雅丁将军写的探险故事激起了我对冒险的渴望，急迫地想亲自试试。他既是伟大的军人，又是知识分子，在担任以色列国防军参谋部长的同时，也从事考古活动，准备一篇关于死海古卷翻译的博士论文。1956 年，在两次参谋会议的间歇时间，雅丁将军曾经参加库姆兰遗址洞穴和马萨达要塞的发掘。

第一批发现的手稿最全，是在 1947 年偶然间发现的。一位牧羊人丢了一头山羊，在库姆兰至圣所上面的洞穴里发现了古卷。后来又在另外一个洞穴里，发掘出其他三个书稿片段，保存在约旦安曼国家考古博物馆，耶路撒冷圣书殿后来收购了这三个书稿片段，现在和死海古卷一起保存在圣书殿里。

多数古卷饱受时间的摧残，但有的书稿由于古人细心密封在黏土罐里，保存得相当完好。古卷经常用麻布包裹，利于保存，多数库姆兰手稿是在动物皮或发黄的羊皮纸上写就的。保存得最好的卷宗，颜色接近白色。伊加尔·雅丁在论文里证实，库姆兰的手稿总体符合希伯来传统中最近期的犹太教法典标准。第一个承认书稿重要性的人是他的父亲利亚撒·苏克尼克教授，他为希伯来大学购入三卷手稿，并在 1948—1950 年发表了其中的几处节选。

他看到父亲颤抖着双手开始打开一份古卷，里面的希伯来圣经文字非常优美，直让人想起《诗篇》^①中的文字。他父亲并没有看过那篇文章，便特地把朗读被人遗忘两千多年的希伯来手稿的特权给了他。

接下来在另外几个洞穴里又发现了其他羊皮纸，和之前的一起存入圣书殿中。这个圣经历史的探险故事一直让我着迷。

但我日常的研究被以色列军队颁布的宵禁令牵绊住，在以军占领的地域，晚六点之前必须回到1948年分界线以内，那么每天走向耶路撒冷西部的路程都要中途而返。

我心想，只要在悬于死海上方的峭壁岩洞里过夜，就能悄悄地跳过命令，逃过宵禁，在考古区度过的时间就可以延长，这样我可以完全沉浸于遗址的精神食粮中，也许我自己也能找到其他的手稿。我一直感到大地在我脚下实实在在地震动着。

这片高原多石，俯视着库姆兰遗址，我游荡了一天，寻找了一些伪迹、陶器碎片和艾赛尼钱币。太阳从边缘陡峭的干河谷边上刚落下，我就把自己安顿好了，带着毯子和军用水壶，我打算在岩石下一处隐蔽的地方过夜。这片遗址规模宏大，悬在上方的高耸石壁，敞开怀抱朝向天穹。明净的夜

---

①《诗篇》是耶和华的真正敬拜者——大卫所记录的一辑受感示的诗歌集。

有些冷，但是谨慎起见，绝不能点火取暖。

我刚把毯子打开铺在地上，一只德国牧羊犬就安静地出现在我的面前，它像皮影戏似的安坐在洞口，两眼凝视着我，头抬得老高，也不叫，脖子上缠着一圈链子。知道他的主人一定就在附近，我便一动不动。我儿时也曾有一只牧羊犬，它看护我、保护我。眼前这只牧羊犬接近我的时候，我也不惊不慌。它用嘴紧紧地叼着我的手，但没有咬下去，因为我一点也不抵抗。

它的主人好像过了一劫之后终于出现了（其实只有几秒钟）。他是一名以色列的边境卫兵，拳头里攥着武器，在恩法石拉和恩戈地之间的路上巡逻。他在电筒强光照射下发现了我，停了一下，让他的狗放开我，然后用英语问我在这里干什么。他一边看我的身份证——其实是我在马达加斯加岛塔那那利佛市加利利高中的学生证，我一边结结巴巴地告诉他，我是偷渡过来的业余考古爱好者，还告诉他我的考古规划，他没料到会听到这么一个奇特的原因，就大笑起来。好吧，那时我只有十七岁……

然后他非常亲切地要求我拿起东西跟他走，上了他和巡逻队停在石崖下面的车。我感觉我的考古规划彻底泡汤了。

他在路上跟我解释说，这个地方非常危险，约旦河西岸的人用这些洞穴藏放武器，我可能不需任何解释就遭杀害。他跟我说，第二天一早就应该回以色列去。回去之前，我可以和他在一起。他跟我解释说，会把我带到卡利亚军营。这个人冷静、果敢，我尊敬地听他说话，心存感激。我想不出这座军营会如何制裁我，但事后才知道其实逃过了灾祸，躲过了猛兽和恐怖分子。

卡利亚的军营，在"逮捕"我地点的北部几千米处，而且就坐落在约旦国王侯赛因以前住过的冬宫。附近就是君主的马场，所在地处于停火区或无人区，是九个月以前发生六日战争以后，沿着约旦河而建成的。这座宫殿遭到进攻，下面两层留下了战斗暴力的痕迹：玻璃破碎，门已经不在合页上了，窗帘被烧毁撕破。但是一看三楼就知道它躲过了烧杀抢掠，为我留下了许多惊喜。

刚到楼梯平台，还以为看到油灯里出来的精灵，其实是一个高大魁梧的黑人，微笑着迎接我们，按以色列军官的吩咐，把我领到我的房间。虽然不是宫殿的套房，但也差不多吧：一张床、刚熨过的粉色床单、柔软的枕头、窗帘、一个宽敞的浴室（没有水是肯定的，因为宫殿的水塔在轰炸中被毁掉了），所有这些善意的关照，让我吃惊之余，开始忘记之前的考古幻想了。

几分钟以后，军官亲自来找我陪他吃饭，后面跟着他的德国牧羊犬。马哈茂德，是"精灵"的名字，他把桌子摆在饭厅的阳台上，阳台俯瞰着黑海和无人区，探照灯的灯光照到带刺铁丝网线的另一边，照亮了无人区。

我们的对话聚焦在马哈茂德身上。

达尔富尔? 那会是什么地方呢? 马哈茂德也解释不清: 反正是南边的一个地方, 在埃及沙漠或苏丹境内。我把这段插曲留在记忆深处, 没想到将来某一天会突然想起这段奇特的往事。

整晚我们都在交谈各自生活的碎片: 马达加斯加, 军官的老家波兰, 还有马哈茂德的达尔富尔。桌子上的收音机放着贝多芬的第七交响曲。照着湖面的, 除了约旦河沿线一排军事分界线的探照灯, 月亮也升起来了, 倒映在死海平静的表面上。德国牧羊犬坐在桌子下面、主人的脚边, 发出一声长长的叹息, 又趴了下来, 把嘴埋在爪子中间。这地方环境好像有什么魔力, 周围突然很安静, 我们也开始不做声了。

那天晚上我本应伴着寒冷和野兽, 睡在洞穴里。但命运做出了另外的决定, 让我遇到了两个背井离乡的人, 一个在中欧的森林中经历多年的劫掠和反抗, 从波兰走到以色列; 另一个从达尔富尔出发, 被强制带到耶利哥绿洲, 习惯了多年奴颜婢膝的生活, 现在拥有了自由, 却不知所措。

"精灵" 好像没有办法和贝多芬合拍: 马哈茂德摇着头, 表示不赞同, 他告诉我们, 和耶路撒冷交响乐团摇荡星夜入睡相比, 他更喜欢开罗的埃及著名女歌手乌姆·库勒苏姆, 她唱的悲歌, 旋律简单, 达拉布卡鼓的节奏让人平静。

翌日清晨, 马哈茂德听从以色列国防军军官的命令, 开车送我到耶利哥, 让我和一队即将启程的军车队一起去以色列。刚到耶利哥，他就禁不住要向我致敬，组织一个小小的庆祝活动，把我介绍给他所有的朋友——过去和他一样在达尔富尔生活的人们，地点在市中心一个改建过的车库里，车库上面是一个瞭望塔，上面布着机关枪，枪的周围堆着沙袋。

肚子里填满了羊肉和塔布勒沙拉，我终于在黄昏时分登上了开赴以色列的最后一班车队，马哈茂德和他那伙爱打趣的狂热伙伴们祝福着我，沉醉于自由之中，他们还没有完全猜到自由的代价。

在这段故事中，我看到了命运中的偶然事件如何拓宽我的世界观，我看到了考古学、族群历史、地质学，看到了可以借助诸多因素对传说进行重新解读，如地震、地理和气候条件，有时一条前线便让地缘政治和军事事件变得具体，从而看懂地缘政治和军事事件。当时我本能地相信这一步迟早会带给我意想不到的发现，重要的是要行动起来，并相信自己所做的是对的。

太空比洞穴更吸引人

在 21 世纪开始之时，地球深层或海洋里发生的事情已经淡出人们的视野，太空给人类太多的幻想，让人觉得视野立刻拓宽了：星系，遥远而模糊的星球……一旦脱离地心引力，宇宙飞船比潜水艇自由得多，只受万有引力定律的制约，只要在星际空间里面遨游的时候，机械配件运转正常即可。

征战太空的大国，巨额投资，主要出于战略、经济、军事利益的考量：征服太空意味着可以观测全球，远程通信成为国家军事安全、经济和金融安全的基本王牌。

说起来违背常理，在海底深渊的高压下，对海底地下深层进行勘探，只能从微小的入口点进入，比如洞穴或狭小火山的入口，过程更加复杂，因此勘察投入的经费反而比开发遥远的星球更加高昂。

这样的深度只能在适宜的时间，使用超声波技术或者挖掘的方式进行间接勘探，但勘探之前要进行的准备工作十分艰难，更不要说之后的解读工作。

医生解读超声波图片之前，已经总体了解了病人身体大概会出现的问题；而对地球进行超声波检查的时候，我们总是会发现意想不到的新结构，推动知识的进步。

柏林墙推倒以后，军用对地观测卫星解禁，我们因此可以对新知识进行全面了解，这在人类历史上是前所未见的。通过卫星，我们可以了解地球的内部结构、内部的异质、地球磁场的可变性、地球详细的地质情况、地形（即使有云层）、地球表面的演变、全球洋流的循环、气候的演变、环境的改变、人类对生态系统影响程度的测量。

我们看到地球上可饮用水的比例只占全球水源总量的

2.5% 不到。这 2.5% 的淡水里面，将近 69% 冻在冰里，所有淡水中只有不到 1.2% 的水，以固体和液体的形式存在于地球表面已知的水体中。地球上的各种生活需要都由这些水来满足。地下水占地球液体可饮用水源的 30%，然而人类并不知道这些水源在地下如何分布。

尽管人类的技术发展已经很全面，但寻找深层水仍然是名副其实的挑战。地下可饮用液体水的总量是已知地面水（湖泊、河流）的三十倍，可地下深层水在哪里？如何经济、合理地找到深水层？没有神奇的秘诀，寻找深层水需要动用一整套经过验证的技术体系，但任何物理系统都是有局限性的。

例如，石油勘探已经开发、使用了三维地震勘探技术，以确认假性含油层以及可能含烃的地下岩层。除了获得地球物理学数据的成本昂贵以外，数据本身并不能显示出勘探区有石油还是天然气，只能在特殊的地理条件下才能给出确切答案。

某一地区是否有烃的存在不仅仅要看地下结构，而是要必须满足三个条件：

——存在有可能产生烃的生油气母岩；

——存在有可能储存烃的储层岩石；

——能留住地下深处油层的上覆岩层。

因此首先要满足预先设定的所有假设条件：符合地面地

地球上的水如何分布？

可饮用水 2.54%   地面水源 1.2%

其他咸水 0.96%   地下水源 30.1%

海洋水 96.5%   冰川和极地冰盖 68.7%

地球总水量   可饮用水

来源：Igor Shiklomanov（作者）
《世界淡水资源》
皮特·格莱克（编辑）

地球水源分布

质勘探条件，同时符合地下深层的超声波勘探条件，才能在一个新的沉积盆地进行石油勘探，发现石油的成功率平均为30%，极少有高出这个比率的情况。

另外，三维地震勘探技术在前几百米深度范围内总是包含盲区。这个现象对于石油勘探来说影响甚微，因为石油位于700—4000米的深度；但对于水源勘探，就抹掉了所有的可见度，因为深层水最经济的勘探深度是100—600米。

寻找深层水在各个层面都可以与寻找烃相对比，但有一个最大的不同点：烃可以在背斜处或沉积褶皱处找到。但水体寻找则正相反，要在向斜褶皱或沉积褶皱的低处才能找到。水和石油一样，都不能直接看到，它们的存在需要动用一整套技术才能确定，勘探的标准也有相似之处。然而，前600米对三维地震勘探技术来说完全是盲区，如果在盆地地区怎么办呢？这是主要的障碍，为全球水文地质学家提出了挑战。我已经成功地把障碍清除了一部分，这就是我冒险的意义所在。

如何检测到地下水？

从最落后的时代开始，大旱时期就严重影响人类的生存环境，为了找到水源，人类的想象力和创造力历经考验。

——第一个方法是观察动物。动物好像有第六感，在干涸的河床上，或是它们经常喝水的地方，即使已经枯竭，但动物还是可以找到水。如果运气好，深挖原来干枯的水源也可以找到水。

——第二个方法可能非常古老：用魔法棒找水，或者像先知摩西那样穿过西奈沙漠找水。伊夫·罗卡教授，核物理学家，氢弹之父，法国具有代表性的学者，后担任巴黎高等师范学校乌尔姆路校区物理实验室主任，写过好几部关于对物体放射的特种感应能力的著作，《巫师》（1981）、《科学与巫师：魔法棒、钟摆，生物磁学》（1989）。在这两本著作中，他解释道，某些人的敏感区域面积比其他人大，敏感区域主要集中在腘窝（手臂关节和膝盖关节的另一侧，即血管的重要通道），即使水溶液中的离子，在运动时放出的电磁波发生非常微弱的变化，他们也能感觉到。因此，巫师感觉到了地下水运动过程中产生的感应效应：他们所独有的电敏感应能力让他们感觉到了循环的地下水的存在，他们称之为"水脉"。我对此类事件不做任何个人评价，我只是知道在世界各国都存在这类实践，这样就有了一定的可信度。

——第三个方法是观察沙漠地区的环境，树木如何排列，这样可以沿着古老的河床或者沿着断层线画出地下水循环图，这一方法经常在基岩区使用。

近期确认的科学方法属于地球物理学范畴，但局限性很大。

——测量地面电阻法^①。将电极插入土地，如果检测到异常电阻，符合某些特定参数，可以确认深层水的存在，但如果地表是碱性的，那测量方法就会失灵，但沙漠地区地表经常呈碱性。

——质子磁场共振测量法。这一方法的根据是一条物理原理，根据此原理，质子构成了水分子的氢核，当某一磁场中有氢核时，磁矩不为零，达到平衡的时候，磁矩整齐排列，方向指向主磁场。如果某个外来磁场干扰，释放电磁波，则会打破之前的平衡状态，引起之前磁场方向周围的磁矩改变。如果把励磁器关掉，再回到之前的平衡状态，此时质子会释放恢复的磁场，说明水源存在。这一磁场的幅值越大说明水的含量越高。由此可知，这种方法针对某一研究区域，提供特定的、直接的信息，显示水源是否存在，也能显示此区域的流体动力学特性。

这两个科学方法的主要缺陷在于只能在某些特定情况才可以应用，只能事先盲目地到达某一地区，开始测量，如果幸运的话，下面才会有水。

——最后是卫星画面分析法。这些图片是在 800 千米高

---

① 将两个电极插入土地里，电极之间包含岩石，由于不同地层的物理特性不同，测到的电阻也不同，而各个地层的物理特性取决于那一层的含水量。

空拍摄的，这种方法成功率高，因为利用这些图片，可以在最短的时间浏览极大面积的土地，看到溪流的水流入断层区、某些地理构造、盆地斜面，从而可以绘制目标区域地图，然后再使用相应的地质物理学方法来进行详细地实地分析。目前这种多学科方法的成功率是最高的。

寻找地下水是艰难的科学，需要科学工作者有丰富的实践经验，每次在舒适的办公室里推导出来的概念，一定要到实地验证才可以。

水吊不起工业巨头的胃口

和烃不同，水没有在股市交易。传统的矿产业对水没有兴趣，除非到了开矿的时候必须用水，才会想到水。世界上所有的矿都是如此。在这种情况下，他们会进行勘探，但只是为了自己的需要。

水工业巨头主要专注于水的销售、处理设备的安装以及地面水（河流、湖泊、废水）的净化，他们的合作伙伴都是水的分销商，需要大量的标准用水，每天需求量达几百万立方米。这些工业家在标准化的环境中工作，难以适应复杂环境，例如，如果一个含水层的物理、化学条件限制很多，在枯竭的时候会产生可回收水储备、水的再生、水质的变化等。

他们的最新的创新是在能源充足的国家里进行海水淡化

处理，沿海区域、工业活动可以借此快速发展。不幸的是，这项技术对环境的影响通常是有害的。化石能源的使用增加了碳对环境的影响，发电厂附近的土地中盐类残留物的堆积、海洋盐浓度的增高，从长期来讲，会彻底打破海洋和土地的生态环境。

新的地下水资源的勘探，对水工业巨头来说，完全是另一个行业，让他们一头雾水。大自然本身就是复杂的，因此这个新的行业也很复杂。

但这些工业在今天面临着巨大挑战，不得不面对新的现实：世界著名首都的人口出现了史无前例的增长，更何况农村人口外流，工业化加剧，地球表面资源稀缺，污染加重，因此饮用水缺乏情况很普遍。战略选择备选项越来越少，就像《驴皮记》里的驴皮一样越来越小。

从长远来看，水工业巨头应该逐渐增加对于水处理、再生循环的投资，增加管道运输的成本，但可能造成的后果就是水价上涨，不能像现在这样，以大家都能接受的低价销售。否则，他们只能寻找另一条出路，这条路的前途是光明的，道路是曲折的，要接受地下水资源开发的风险，同时必须尊重自然规律，等待水的再生，保持长期的平衡，才能保证资源永续。这就得听从大自然设置的标准，并予以遵循，目前来讲，水业巨头的头脑中还没有这个概念。

随着世界的不断改变，水工业企业不得不多从科学的角度，下定决心，认真考虑地下资源的勘探、开采和持久性的问题。环境已经很自然地成为中心问题。几十年以来，饮用水正逐渐变成奢侈品。

发现深层水

一连串偶然的事件，和一个个表面上没有逻辑联系的想法，让我最终越来越关注深层水。我的童年在马达加斯加度过，我生活在国家的北部，水源充足。之后，我学习核物理、天体物理，再后来进入国立巴黎高等矿业学校深造，我一直没有关心水的问题。我遇到极其优秀的老师，教我学习无限小的物质、无限大的物质，最后学到了金属矿床的产生，还有石油。我成了博物学爱好者，热爱物理和数学——这是两个有用的工具，可以解密复杂的大自然。

从儿时起，我就对科学感兴趣。当全家搬家到塔那那利佛，14岁的我在花园深处发现了一个工具房，里面有一套步枪、家具，特别是还有一些蒸馏瓶、试管、蛇形管、圆底烧瓶，还有一些化学药品，而且还有几本化学教材、1881年无花果树出版社出版的一整套著名学者插图全集中的一部分。

工具房让我很惊喜，成了我的私人实验室，里面的化学宝藏很快让我把新学习的花炮制造技术付诸实践。对我来说，知识就是实验的意思。由于阅读了科学书籍，我很快就成了熟练的实验员……但也出了一些小意外！一次制作花炮的时候，一不留神，就把隔断我家和邻居家的竹篱笆点着了⋯⋯幸亏消防队离我家不远，很快就扑灭了火，我也挨了父亲一顿痛打！20世纪60年代，人类忙于征服太空，我也狂热地做了几个简易的火箭，后来又做了分层的火箭，还在小山坡上建了发射台。我们家就在塔那那利佛女王宫附近，旁边是一座可以俯视我家的易碎红岩小山，我用鹤嘴镐凿出了一个小型的"卡纳维拉尔角火箭发射基地"。

那时，我不是一个听话的孩子，整个世界在我面前打开了，像一首伟大的史诗，浩瀚无边，等我去征服，那个世界是我阅读凡尔纳的作品，牛顿、伽利略、开普勒的故事。电视还没有出现，我的时间都用来阅读、观察、理解、实验、学习。受好奇心的驱使，而且从来感觉不到满足，在没有具备足够的条件时，我的意愿是成为一名宇航员，为了达到目标，训练自己的耐寒能力，我高中时冬天都是走着去上学，穿着短裤和短袖衬衫，把母亲给我织的不入眼的毛衣全都弄丢了。后来我才明白，南半球回归线附近的冬天，即使到了1400米的高度，也不能满足我登陆月球的训练条件。

第3章　石油冒险

北海史诗

剩下就是我的成年生活了。我在巴黎高等矿业学校深造结束之后，成为一名工程师，1977年，我进了埃尔夫阿奎坦集团公司。我梦想探险，梦想闯荡四方。可开始的时候，我在"炼狱"里待了两年，在尚布尔西附近的一座城堡里，整天做信号处理工作，一个秘书把方程式抄在打孔卡片上，我再借助大量的方程式进行计算。卡片上总是有错误，偶尔一叠卡片掉在地上，混在一起，只能从头开始。我离撒哈拉那么远，离所有我梦想探索的大漠都那么远。我从骨子里恨这段生活，后来又加上离婚，像伤口上撒一把盐。在这之后，我在波城的埃尔夫实用地震研究中心又过了一年炼狱的生活。

1980年，我以最快的速度在埃尔夫阿奎坦集团公司荷兰分公司——贝拓兰[①]找到了一份工作，参加北海勘探工作，我过去学习的有用知识全部都能付诸实践。

那四年期间，我完全沉浸在这段工作中，好像是对过去三年闭关处理图像的一个报复。北海勘探让我进入了前所未有的技术冒险、人类史诗。我们得和周围环境作斗争，天气变化无常，我们要面对新的技术挑战，不知成败。石油公司的经济投入充足，可以进行技术革新，例如在极端环境下的近海钻井技术研发。要知道，石油技术创新对欧洲非常关键，这涉及自身的能源独立的问题。

勘探平台在北海上，距登海尔德空军基地到海牙北部一线几十千米的地方，对面就是特赛尔岛——我儿时的英雄海因里希·施里曼还没有关注荷马的时候，就曾在那里度假。

我们在登海尔德登上荷兰皇家航空公司的直升机，飞机在海上一些三脚架或者四脚架上降落，好像远古时期乳齿象一样，这是近海高科技中的佼佼者。这些海上石油平台，悬在高高的金属桅杆上面，距水面三十多米高。发生海上大风暴的时候，可以躲开巨浪。

尽管海上风大雾大，飞行员还是得降落，甲板只有一包纸巾那么大。我们的心都跳到了嗓子眼儿了，下去之后，接

---

① Petroland.

待我们的是经验老到的消防兵，像外星人一样穿着银色防火服，手持灭火器和消防泵。

但在登上直升机之前，必须进行至少一次模拟落水救援，即一次求生训练——在游泳池冰冷的水里浸着驾驶舱，模拟直升机海上失事现场。

直升机刚刚浸入水中，我们仿佛置身在直升机里，舱门无法打开。要等到机舱里面全部灌满水的时候，这时机舱内外压力达到平衡，接下来便可以打开安全门，从直升机里出来，这时直升机是倒过来的，也就是说，外面参照物和平时不同。练习是在一个漆成红色的笼子里进行的，水温4℃。教练看到没有人溺亡，非常高兴。游泳池底部有两名潜水员，全副武装，随时准备参与紧急救援。教练会突然把我们推到水里，或在小船里把我们推个倒栽葱。机舱里有好几个人，我们尽量不要惊慌，不要互相争抢着第一个出去。训练需要经常进行，这样才能反应迅速。训练中慌张的人再也不会被派到近海执行任务了。

4℃的水温下，如果没穿连体服（或者连体服破损），超过五分钟就会致死。即使救生队救援的时候人还活着，可死神还是免不了在几分钟之后到来，因为体内酶的活动被抑制了。"二战"期间在北海上方被击落飞机的驾驶员就遭此噩运，那时医生还不知道这个极其复杂的生理现象。

不消说我们多么迫不及待地期盼着痛苦折磨赶快结束，

结束后是那么轻松，但又带着一丝战胜考验的自豪——不过每年要复训一次……

有一次在平台上，天然气层的钻头到了，我们打算用新钻头打响新的战役。我在那里学会了看"泥浆工人"工作，对他们心生敬意。

这些泥浆工人里面有综合理工大学的高才生，还有在钻井旁边自学成才的人，后者还会用不同密度的泥浆精心制作"鸡尾酒"——因为沿着钻柱会有天然气升上来，形成气压，控制不住的话，会造成天然气喷射，不仅全体勘探人员会丧命，钻井平台也会报废。

这样的时刻当然不会经常出现，但我们时刻保持警惕，把问题交给强大的"泥浆工人"去解决，他们极其谨慎，不怕危险，像嗅觉敏锐、脾气暴躁的猎犬，随时注意周围发生的事情。

钻杆进入包含天然气的地质分层时，现场所有的地质学者的肾上腺素水平都会上升，他们之前已经大概估算出了钻杆到这一分层的时间。但是，最终掌握我们命运的是"泥浆工人"，他们唯一的依靠是才能和运气。如果万一发生事故，他们就是承担责任的人。

如果发生爆炸，绝对要在大海涨潮、吞噬平台和周围船只之前，控制住天然气上升。否则大海真的会变成一片火海！

这时候把救生艇从 35 米高的平台上扔下去，只能一沉到底。水里到处都是天然气泡，支撑不起船只，只要掉下去就不会再浮上来。

极有可能就是因为这种现象，著名的百慕大三角的船只才会消失。有些深渊底部的甲烷是以甲烷水合物的形式存在，在低温高压的条件下十分稳定。甲烷水合物是冰和甲烷结合在一起的固体，这种形式的天然气地球上有几十万亿吨，是一座巨型能源宝藏，但同时也是人类的潜在威胁。如果发生地震，甲烷就会变为气态，浮到海平面，这一大片气泡附近的所有船只都会顷刻消失，毫无前兆。

在平台上，另外一个风险是闪爆，即增压舱出口发生天然气爆炸。如果有人不知情，在桥上吸烟，一定会出人命。石油勘探平台上绝对禁止吸烟，除非想和大家同归于尽。

为了避免多种危险，平台上的安全规则非常严苛：禁止饮酒、吸烟。在海上工作的三个星期到一个月的时间里，日以继夜，时间是以 12 小时计算的，要等到有其他同事来海上工作，才可以回到陆地休息，陆地的时间和之前的工作天数是一样的。

勘探平台日夜不停地工作，平台随着钻头的转动而颤抖，钻头伸到海底以下，伸到我们脚下两三千米的地方，把一个个地层啃开。

我的工作地点是在钻塔旁边的钻井舱里，悬在海浪上方 30 米处，无论冬夏，把钻探碎屑、岩屑收集起来，并辨别目前钻杆到达哪一地层。根据钻探碎屑里化石的不同种类，可以知道我们离天然气有多远。

作为地质物理学工作人员，我需要确认勘探数据是否有效、对其进行解读，如果发生偏差，还要进行必要的修改，以便使预测结果更加精准，准确预测是否接近天然气层。

平台上的生活条件和到太空或是到海底执行任务是一样的，远离陆地，与世隔绝，尤其是发生海上风暴的时候，虽然大家彼此都不是很熟悉，但所有人都非常团结。

人员轮换每天进行，每班直升机都带来一批专家、专业人士、电焊工人、厨师、后勤人员、工程监督员。一个近海平台就是一个巴别塔，说什么语言的都有，但只有一种共同语言——英语。一般工作是十二小时，日夜兼程，分配到不同的甲板上去。只有在吃饭的时候大家才会见面，厨房的门永远是开放的，可以随便进出冷库。由于平台上不可以喝酒，我们中间有些人几个星期之后就会特别容易发火。那么返回陆地以后，在登海尔德和阿姆斯特丹一线，就不可能不大醉几场。

1983年，隆冬季节，我被恐惧包围。我们乘坐的直升机在登海尔德附近海域飞行，距海岸80千米。由我制定新的钻探地点，心中感觉干劲十足。

那时候用的还是古老的导航仪，甚至有些土气：测高仪、指南针、陀螺测速仪。在回平台的路上，还是清晨，飞机刚起飞不久，我们突然被一大片寒雾笼罩起来。螺旋桨开始结霜、变重，飞机座舱也冻住了，越来越重起来。

直升机像一名关在冰壳里的囚犯，越来越重，大雾挡住了视线，看不到平台平面，只能向海平面下降，非常危险。飞行员的汗大滴大滴地流了下来，拿着望远镜，一会儿向左舷看，一会儿向右舷望，努力想找到水平线。紧接着就刮起了一阵阵狂暴的寒风，我们好像进了一个甩干机，四处摇晃。突然，直升机上的冻冰突然一块块掉了下来。飞机一下子又升了起来。但是飞行员突然离开了航线，操纵装置也冻住了，没有反应。最后，飞行员只能靠无线电信号指引，回到登海尔德的时候，燃料都快没了。之前我真的和机上所有人一样觉得肯定完蛋了。我承认在那样的紧急关头，我一个不信教的人，都在强迫我的灵魂进行祈祷了。

还发生过一次"寡妇跳"事件。1981年圣诞节的晚上，我在登海尔德登上了"海军海豹号"地震船，去北海一个地方监控一处地质物理数据的收集工作。

我们出发得太早了，海上天气状况非常糟糕，狂风巨浪，波涛翻滚，连船上加拿大新斯科舍省的历经考验的老兵都想呕吐。我把自己绑在床上，连饭都吃不下，两天没出舱门。汹涌的海浪不断拍击着船舷，我们都不能在船边过道里行走。幸运的是，刚到工作区，天气就平静下来了。

几天以后，地震数据收集工作结束，我应该回海牙继续其他工作，但是当船朝丹麦行驶的时候，公司用无线电跟我联系，告诉我一艘荷兰的拖网渔船会在公海接我，把我带回鹿特丹。渔船很破，用来给海上石油安装工人补给食物等，返航的时候船是空的，所以可以尊严体面地迎我上船。

渔船接我的时候是在夜里，探照灯都打开了。地震船体积大，我在地震船上面比渔船的最高甲板还高5米。要是在西非，会有一条换船专用的绳索，配一个渔网和吊车，别人把你从一艘小船猛推到一个30米高平台的甲板上，或者到一艘普通的货轮上。可是这次，他们告诉我要来个"寡妇跳（Widow Maker）"，要是跳不好，可以让妻子变成寡妇。

我很快就明白是怎么回事了。两条粗壮的胳膊准备把我用力推到5米下面的渔船上去，下面有另外三个人等着接住我。漆黑的夜里，波涛翻滚，两艘船并肩而行，所有的探照灯全部打开。大浪拍着两船的船身，海水高高地溅到我的背上，船随着波浪一会儿高一会儿低。

渔船更轻，快速被波浪推高的时候，我在两船之间跳的高度减少，壮汉用胳膊趁机把我推出"海军海豹号"，下面几个人在下面的甲板上接住了我。零失误操作！我的行李也这样发送下来，我在小破船的货舱里过了一夜，一直到鹿特丹，都没有睡好。一到海牙的家，我冲了个澡，在浴室镜子里看到有一只阴虱舒服地趴在我两眼中间——这次冒险中不值一提的细节……所有来海上的新"劳改犯"，或者拿报酬的志愿者，都经历过这样的事情吧，无论他是菲律宾人还是挪威人。

言归正传。我之前在贝阿恩省波城开发的地震数据处理项目，在我们测量地质物理数据的时候派上了用场，改良了结果。我们意识到公司在盐层以下寻找天然气的风险太大。我们的目标是在最适合的地方安排钻探，以达到更高的成功率。考虑到钻井的成本问题，就要避免因使用有偏差的物理数据造成开发并不存在的油气结构。我在北海作业的时候，一口钻井价值300万美元，现在一个勘探钻井作业有时能达到3000万美元！所以，最好多用大脑，来减少因为技术问题而造成的风险。

在北海，主要影响我们看到海底气层的是一片一片的"圆顶盐山"，有几千米高，是一亿八千万年以来，在隔开美洲和欧洲的大片环礁湖里堆积下来的。要想在这些盐山底部找到天然气层，就仿佛想透过一堆碎玻璃看下面报纸的大字标题——那是不可能的！

这样拍出来的含气层图像是走样的，因为含气层隐藏在盐山下面，而圆顶盐山的几何形状影响了图形的正常计算。我发现，只有一种办法可以解决这个问题：首先把圆顶盐山的图形画出来，然后再使用地震测量法呈辐射型测量、获得数据，这样就可以比较容易给下面的气层建模。

这样我就假装成配镜师，拿着特殊的矫正镜片，透过圆顶盐山看下面有什么。

　　我的主管们原来想使用传统方法测量，也就是用平行法获得几十千米以下的地震超声波图像。但我提出了反对意见：要根据从圆顶盐山顶部开始沿着坡度下来的线条进行地震法绘图，才能获得正确的含气区图像。

　　第一批超声波图像出来了！效果比以前的都要好！波城的研究人员团队负责把盐山造成的失真之处一点点改正过来。这些工程下来，我们订立了一幅非常精确的勘探预测切面图，之后根据这幅图纸，钻井一直打到3800米深，误差只有20米，而当时所有人都在等着失败的消息呢。

　　我们和波城研究中心的研究员们一起获得了1985年巴黎埃尔夫研究中心主任颁发的创新奖。埃尔夫公司的18万工作人员，每年只有20多人能拿到奖金。那一年我还获得了北海气田发现技术革新奖。这个奖给我带来多少朋友，就给我带来多少敌人……

　　在复杂的条件下进行地震法测量，这一建模成果，给我贴上了学者的标签，而不是探索者的称号。我不喜欢"学者"①这个称呼，我给自己下的定义是"发现者"②。从那以后，我在生活中不断培养自己，做的都是"发现者"应该做的事。

---

① 法文中，学者（chercheur）是进行寻找的人。（译者注）
② 法文中，发现者（trouveur）是找到结果的人。（译者注）

石油和俾格米人

这个奖项让嫉妒排山倒海地向我涌来，大公司的野心家给"嫉妒"这个词进行了完美的阐释。1987年7月，我遭人排挤，被派到加蓬，贬职苦行赎罪四年，从初级工作重新开始，既然离开了封闭的研究圈，我大胆地要求进行野外勘探。

我在分公司的工作，是在让蒂尔港半岛一间狭小的办公室里，解读几百千米长的地震超声波图像，没有实权，连参加勘探决策会议的资格都没有。

那是被流放的第二年年末，我第一次遇到了俾格米人。

1989年7月，他们让我到兰巴雷内南部监管一个地震测量作业，那是一片原始森林，旁边是奥南格湖，离奥果韦河畔史怀哲博士的教区不远。他的教区要乘直升机才能到达，因为如果从森林进入，只有几条路可以走，但那里经常有大猩猩出没。

我们的露营地沿着湖岸排成一线，两端是一条旧时的机场跑道。我们的生活就是两点一线，一端是直升机场，那里排着一排直升机，保证我们可以去森林勘察；另一端是营地食堂，附近就是酒吧，还有无线电通信室，保证我们和文明世界的联系。

清晨，我们乘坐第一架直升机起飞，它把我们带到森林中间，停在停机坪上——就是切割机清理出来的一片林中空地，然后就自行离开，如果天气条件允许，第二天晚上，它再到另一片林中空地接我们回去，这片空地在两条地震测试路线的交点上。

从天上到原始森林里的经历让人惊喜，特别是在降落的时候。直升机旋翼吹掉枝条上、树叶上、碎木屑上的水，先下一场雨来迎接我们。一落地，周围全是灰，我们什么都看不见，我们低头从直升机舱逃出去，藏到森林里，因为飞机马上重新起飞，会卷起很多东西。

之后，森林上方会安静几分钟，林冠下面是一片无边的静谧。但很快，热带丛林的喧闹声就把我们淹没了：天上下来的奇怪入侵者一离开，动物们的叫声四起，那里有无数昆虫、鸟儿、猴子。接下来，我们必须找准方向，知道朝哪个方向的"地震小径"①走。

每处停机坪上有两条小径相交，一定不要弄错小径和方向，否则就只能一个人在森林里过夜了。如果一个人已经很难跟大猩猩、豹子相处，那么和满地乱窜的动物就更没办法好好相处了！和蜘蛛、蟑螂蝎、蚂蚁、蜈蚣共度"良宵"，这个人一定一夜无眠，永世不忘，更何况还有身带疟疾病原虫、

---

① "地震小径"是指在森林里用大砍刀清理出来的一条窄窄的通道，用以安设地震传感器或地震检波器，方便工作人员通行，在里面埋藏炸药。

疯狂进攻的蚊子。

这之后几天，有一次，停机坪只剩我一个人。我又发现两条小径交错，应该走哪一条？往哪个方向走呢？我拿出指南针，找到了正确的方向，但不知道森林里的路比我想象的要长。

在原始森林里，我们走路的时候，十分诚敬，就像走在大教堂里一样。参天大树的树干和教堂的支柱、栋梁一样粗壮，林冠密不透风，仅有的那么几缕阳光呈现出柔和的暖色调，半明半暗地落在地上。这座宏伟的建筑体现出一派辉煌的平衡状态，用了几千年或几百万年才具如此规模，是大地的力量、生态的力量、气候的力量达成的一种平衡。这是地球演变过程中的一个奇迹，表现出和谐之美。

让铁和火侵占的水流两岸又溢满了阳光。这些未愈合的伤口，吞没了龙卷风，千年的和谐被打破，带来了一片混乱：林下灌木丛里的植被处于无政府状态，寄生藤本植物到处疯长，缠住了百年古树，从根到冠紧紧地围住那些庞然大物，吸它们的汁液，把它们杀掉。统治这一片次生森林的，是植物之战的乱象，很难进入。

一个人步行了几分钟之后，我感觉到附近有另外一个存在。有人跟着我，毫无疑问——我走的时候，听到脚步声；我停的时候，脚步声也停了。我问他话，想让他暴露身份。可是他一言不发，我全身汗毛真的都竖起来了——他一定对我心怀恶意。由于我没有带枪，没法自卫，心怦怦直跳。我撒腿就跑，想赶走恐惧，可后面的脚步声追我追得更快了。

我身后的危险到底是什么？我知道森林里经常有豹子进进出出，但只在夜里出没。有人跟我说有些矮象攻击性特别强。但身后步伐的速度之快不像矮象的步伐。我一个人在这片充满敌意的热带丛林里做什么？我怎么会答应不带向导，一个人在大森林里沿着小径行走？为了不在石油同行面前丢脸吗？一定是的。即使我们知道任务艰险，但当它摆在我们面前的时候，我们是永远不会认输的。人们总是反复说石油行业是男人的行业，但并不是说女人就不能表现得气冲霄汉。没有时间想这些事了。对我来说，太晚了——危险的脚步声离我越来越近。

疲惫不堪的我在精神上被打败了，汗流不止，恐惧吞没了我，我抓了一根大棍子壮胆，虽然这件武器微不足道，但我要带着尊严死去。衬衫贴在了我的身上，一百多只小黑苍蝇围攻我，喝我的汗水，连眼睛和鼻子上都是苍蝇。这些昆虫在本地大家都称之为"大猩猩苍蝇"，想到这点，我仿佛如灵光一现，后面跟着我的一定是一只大猩猩。我终于偷偷摸摸地透过叶丛中间的孔隙看到了它。一只身形庞大的大猩猩。它在另一条平行的小路上跟着我，离我只有几米。有意思的是我的恐惧不见了，因为我知道了危险是什么。力量对比实在悬殊，我只能接受现实。深深地吸了一口气之后，我确定，这只大猩猩只是对我这样一个入侵者感到好奇；如果它想袭击我的话，我们刚碰上的时候，它就出手了。

想到这里，我轻松了不少，这是我最后一张牌，我的小丑牌，我畅快得都要吹口哨了，尽量让步伐正常，装成对它不感兴趣的样子。我们就这样一前一后慢慢前行，只有几分钟的时间，但对我来说就像永恒那么长。我的战术取得成功——大猩猩"蒸发"了，消失在森林中，我的恐惧也随之消失。

筋疲力尽的我走了两个小时，终于找到了地震勘探小组的其他成员，有博利斯——带路人，他有一个路程测量线盒，那是一个圆形的小盒子，里面有一条丝线，他一边走一边拉线，在树丛中可以看出如何走是最直的方向。阿塔纳斯，开路人，用砍刀砍出一条直路。小径开好以后，奥斯卡·马乌布——兰巴雷内的班图人，外号奥斯卡·王尔德①，是几个爆破手的老大，他用一把手动螺旋钻，把一捆捆炸药埋在地里。小组里最后一名成员是维克多，他是俾格米人，负责给炸药点火。他有一个魔法盒，当他把盒子跟炸药棒红蓝色的捻线连起来的时候，炸药就点燃了。

---

① 这位奥斯卡的外号叫奥斯卡·王尔德（Oscar Wild），是文字游戏，比英国剧作家奥斯卡·王尔德（Oscar Wilde）的名字少一个字母 e。Wild 在英文中意思为"野生的"。

　　我和维克多待在一起，不是为了监控他的工作质量，而是为了喘口气，让博利斯、阿塔纳斯、奥斯卡·王尔德的团队继续开路。维克多看我满头大汗、气喘吁吁，知道刚才一定发生什么事情了。我告诉他大猩猩的事情，他向我担保说，"大猩猩太太"和孩子们没在场，所以"大猩猩先生"没攻击我。他说话的时候，用词恭敬，但绝不失准确，他了解大猩猩的日常生活细节，好像他谈的是自己家庭成员一般。他很快又说道，不要激怒大猩猩，昨天，"大猩猩先生"把地震勘探小组地形测量员的路挡上了，他强迫"大猩猩先生"让路，把"大猩猩先生"惹生气了，因为它的太太正在领孩子们横穿那条路。它非常恼火，把测量员的标尺弄碎了，把经纬仪的金属盒都咬出了牙印，还好，没把测量员的胳膊扯下来。这位幸运的测量员鬼哭狼嚎地逃跑了，坐上最早的一班直升机回到兰巴雷内，然后就回法国了。维克多回想起来大笑着说："'大猩猩先生'赢了，白人测量员输了！"他又狡黠地说："大象是森林里最认识路的，它们不需要像白人那样，拿测量线盒在森林里标出路来！"他紧接着跟我讲了20世纪30年代，刚果—海洋铁路线，就是取道马永贝森林山顶、大象踩出来的狭窄过道建成的。

　　我们当时舒服地坐在一块洼地里，等着他们引爆炸药。维克多好像有巫术一样，感觉到附近有一头森林小羚羊，便拿起一片叶子堵住鼻孔，模仿羚羊的叫声，短促而低沉。几秒钟的安静之后，一头森林小羚羊出现在我们面前，很吃惊的样子，它知道受骗了，又逃回森林里。维克多展示他的博学和才能，很自豪。

盒子里的无线电响了，点火指令终于到达，俾格米人把线接起来，在手腕上缠了一圈。"轰！"小径上好几股尘土顺着一条线飞溅起来！任务完成，我们继续在博利斯和阿塔纳斯的身后，沿着大象走出的小路向前走。

整个下午我们都待在一起，维克多向我介绍森林里所有的参天大树，非常形象——阿金格、中非蜡烛木、囊舌木、特斯金莲木、非洲紫檀、银叶树、都卡、伊罗珂、林波、红樱桃木、乌金木、核桃木，简直是一套硬木索引。他还告诉我每种树木上居住的树神的名字，有的住在叶子上，有的住在花朵里，有的住在树根里；有的树神可以让绝经期妇女继续产奶给孙辈哺乳，有的还能帮男子壮阳！

俾格米人世界通用药典提到的神灵都包含在里面了，我们欧洲和美国制药厂的白衣天使们可以好好参考一下了。

要跨过一个泥塘的时候，维克多向我演示如何猎取一条鳄鱼，他把一根炸药点燃，扔进水里。一只小蜥蜴从洼地里飞了出来，还叫了一声。我们跨过了泥塘，里面的污泥深到可以淹到人的脖子，两个人一起大笑起来，像两个刚演过闹剧的孩子。

走到了小径的尽头，要乘坐一艘独木舟，到很近的一个炸药库把接下来几天需要的炸药取走。看门的是塞内加尔人，巴卡尔·马福，我们之前已经用无线电联系过他，他就在小山顶上的仓库门口等我们。维克多——我的"专栏记者"，解释给我听，穆斯林是世界上最好的炸药库门卫，因为他们不饮酒。他告诉我，几个月之前，有个仓库门卫酒足饭饱，微带醉意，和炸药库一起被炸飞了。

独木舟上装满了一箱箱炸药，在夜幕降临之前，把我们带回营地。赤道附近的太阳落得很快，18点的时候，天已经全黑了。这天夜里，我们在营地里又经历了一次考验——这次来的是昆虫。营地有一间开放式的大茅屋，幸运的是，其他俾格米人已经事先围着茅屋一圈放好了熏香料，熏香料是以加蓬榄和树皮为底料制成的，这样夜间就可以驱走蛇、蜘蛛和所有的丛林爬行昆虫。

要解决大小便问题，也不能离开营地——这个地区豹子成灾，它们专门在夜间猎食，即使像俾格米人这样天性放任的民族，夜间的行动也非常谨慎。人类和动物互相尊重，但千万不要有诱惑……

晚上在帐篷里聊天的时候，奥斯卡·王尔德大着胆子问了个问题："老板，你说，大猩猩在这里是受保护的，禁止吃大猩猩肉。可是俾格米人怎么不受保护？"他看到我的神情愤怒，就知道他说错话了，我不会给出任何评论的。

哈萨克史诗

这些短暂的瞬间让我精神充实了一段时间。但在加蓬度过两年后，我完全脱离社会，后来和埃尔夫公司加蓬负责人大吵一场之后，我提交了辞职报告，决定去美国读 MBA。

我在巴黎的上级听说此事，在最后关头派一位经济学家专门来让蒂尔港和我见面。他向我宣布，柏林墙倒了，所有的东部地区国家都开放了。公司新老总罗伊克·勒 - 弗洛克·普利让在埃尔夫集团内部正在寻找最优秀的人才，组建一个由勘探人员、经济学家、谈判人员组成的特遣队，目标是在其他石油大佬醒悟之前，尽快获得俄罗斯、哈萨克斯坦颁发的石油开采许可。

如果我现在就同意，那就马不停蹄奔赴巴黎，在公司经济部学习一门新行业，在谈判的时候做出油田的技术、经济回报率，这些技能在谈判方面是必不可少的。

六个月以后，我已经到了天山山脉脚下，这片高山已经接近世界的尽头，是巴尔喀什湖旁边一片一望无际的中亚平原，我坐在蒙古包里，面前是几名哈萨克"骑兵"。我们开始和年轻的哈萨克斯坦共和国进行第一轮谈判。

黎明时分，我们从法国勒布尔热机场出发，搭乘埃尔夫总裁的"隼式"公务飞机到达莫斯科，我们在那里转机，重新装满煤油之后，上来了一位俄罗斯飞行员。飞机大约十点起飞，飞越乌克兰广大的平原、乌拉尔河。

在乌拉尔河跟里海之间，我们的飞机转向了咸海，咸海已经干透了，但湖边却是绝美的翠绿色，这是农药里盐的颜色导致的。然后飞机又飞到了塞米巴拉金斯克的南部，炎热的太阳无情地照耀着一望无垠的哈萨克斯坦平原。

我们飞到了卡拉恰干纳克气田上方，气田正在喷发，火焰冲天，高达几百米，已经在闪闪发光的平原上方喷射了几个月。

就在太阳落山之前，经过了 12 个小时的飞行，飞机开始降落，目的地是天山边上的阿拉木图，雄伟的山脉高达 6000米，隔开了哈萨克斯坦和蒙古，是巴黎和中国之间第一个真正的地理障碍。

晚餐的时候，我一股脑地讲述了一整天的旅程，我不禁向东道主问道："您的祖先自古以来是游牧民族，无视困难，长途跋涉，和他们的牛羊一起寻找新的牧场，也许他们应该向着相反的方向一直走到大西洋？"他们笑了，不用互相商量，也没有恶意，回答道："是呀，但不能像您一样一天就到！冬天的时候，他们怎么也要花三个月的时间让马拉着车穿过冰冻的河流。"我终于明白为什么我布列塔尼的姑姑眼睛是细长的了。

周末的时候，我亲自去莫斯科迎接哈萨克斯坦代表团，热情拥抱他们，我们共赴巴黎继续商讨石油开采的事情。

这次协商从哈萨克斯坦开始，涉及在乌拉尔南部恩巴的油田开采，到 1992 年，讨论俄罗斯伏尔加河油田开采，然后在中东、叙利亚、卡塔尔讨论世界上最大的天然气层，其中包括卡塔尔北方气田。

毫无疑问，连续在动乱地区的工作为我将来在冲突地区的水源勘探工作做了一些准备。这是一块垫脚石——我知道从此以后要遵循直觉的引导，听从自己对危险敏锐的觉察能力。

第4章 寻金者

掀开瓦片的跛脚恶魔

有个护林员，是夏于山脉里一个小金矿的负责人，这个地区位于刚果西部的原始森林里，非常落后，极难进入，河流多得说不清，这名守林员带着俾格米人一起工作，他们帮助他开路、修桥，方便行走。

这个男人知道了我是矿业工程师，有一天晚上在黑角问我："阿兰，你看，有个谜咱们得解开，俾格米人在河里捡金子，但咱们不知道金子从哪儿来的。你能帮我们吗？"我请了几天假，第一次跟着他和俾格米人去森林里勘察，如果事先不做核实，我是不会开始做项目的。内战在布拉柴维尔肆虐的时候，我在加蓬找到了我的圣殿，和俾格米人一起，带着市面上刚出现的全球定位导航系统，进入了祥和安静的原始森林，若干次进入森林以后，我开始以地形图作底，制作淘金地点地图。

我断断续续好几个星期和他们一起勘察，有一架赛斯纳单发四座飞机可以随时调遣。从黑角出发，飞行三小时，穿过沿海白云覆盖的马永贝山脉，飞越尼阿里大平原，再次穿过夏于高原的丛林。

如果飞行的时候发生暴风雨，但还没有达到必须折返的程度，我们就在一条红土跑道上降落，班左口村的俾格米人就在那里等我们，他们的头儿叫维克多·福丹国义，一个身高一米六的男人，眼神悲伤。他们负责把一根房梁拉到降落跑道上，这样白蚁巢的顶端就会露出来，让我们在降落的时候不要"把木头撞碎"——就是飞机不要失事的意思。

我们大家都下到河里，拿着鹤嘴镐、锹、筛子、淘金盘，在河的沙底里淘金。我的工作则是拍照片、记笔记、提取矿物样本，在导航系统里记下每个有黄金的点。

一天晚上，从工地回来，工头拉杜士先生在一片沼泽边上打倒了一头红羚羊。俾格米人从我们车后面的卡车翻斗上方跳过，蜂拥跳到沼泽里，疯狂地捕捉蛇和鳄鱼，蛇和鳄鱼四处逃散，然后一群俾格米人竟全都消失在森林里，追捕沼泽外的猎物。受伤的羚羊好像成功逃离了这片沼泽。一个小时以后，俾格米人终于又重新出现在我们面前的小路上，表面上好像一无所获，但脸上倒没有狼狈的神情，如果一无所获的话，他们的表情绝对不会这样。

翌日上午，俾格米人来工地的时候迟到了——他们好像庆祝了一夜，应该是昨天找到了受伤的羚羊，其实该给我们留一部分的。他们吃的肚子圆鼓鼓，都没有办法好好工作。工头拉杜士先生看到他们抢了羚羊，受到侮辱，气愤极了，抓住了其中一个人，狠狠地对那个人说，自己可不是来"挠蛋"的！

这个表达方式在整个营地传遍了，像激光一样迅速，所有其他俾格米人都争先恐后地重复这个句子，毫不犹豫地开玩笑，疯狂地模仿这个动作，但还是表现出对朋友的团结，给工头一个警告，那天以后，俾格米人再也没有在工地上出现！

拉杜士知道了这件事，去了班左口村。一个人影都没了！他们带着狗、盆、锅、女人和孩子回到森林里，那里才是他们的家乡——他们向我们表示对前一天遭到斥责感到不满，他们不是低贱的，而是和我们平等的，我们对他们和善，他们才会和我们一起工作。钱对俾格米人没有任何意义。他们在深深的大森林里，有什么要买的？买盐吗？俾格米人只有喜欢你，才会跟你一起工作，否则他们就悄悄离开。

俾格米人还有一个很大的优点，就是如果发生冲突，他们就会变成透明人，不表态，一声不响地离开，逃回自己的圣殿——广袤的原始森林，那里是他们的超级市场，有取之不尽、用之不竭的蜂蜜、蠕虫、昆虫、能吃的树叶。不过，他们会买大砍刀、铁斧头、弹药，但不需要忍受工头怒吼管教，便完全可以使用在溪流里淘到的金粉，自由自在。

在这样的自由面前，我们显得很愚蠢，对他们十分钦佩。六个月以后，我们的工作全部结束，他们才又回来，好像什么事也没发生一样，表现出一样的善良和纯朴的微笑，但大家心里都明白是怎么回事。

我对刚果的工作希望破灭，不也在走俾格米人的路吗？不是离开公司、重新获得自由吗？走到很远的地方，很远很远的地方，像他们一样跑进森林老家？这样的相似当时让我吃惊不已，至今还启发着我。

赛斯纳是守林人提供我使用的，冲击沙金的源头线索逐渐清晰起来，但植被密度很大，什么也看不到：次生森林里面就像黑夜一般，可见度不超过两米，这样就会和极其危险的野生动物意外邂逅。

1995年11月4日，我知道加拿大航天局发射了第一颗民用雷达地球观测卫星——RADARSAT，我们终于可以透过云层和森林看到地球表面，能在覆满植被的未知区域做地质研究。

1996年8月，我的联系人在华盛顿的一间办公室里接待了我，准确说是一个民用远距离探测实验室，为美国国防部工作。一群年轻的学者接待了我，他们身穿高领衫、牛仔裤，脚踩篮球鞋。

中央大厅正中间摆着我制作的刚果雷达地图，但我没有权利接近周边办公室，里面年轻的麻省理工和斯坦福的高才生，正在执行克林顿总统的命令，准备轰炸苏丹喀土穆本·拉登的制药厂。

这是我第一次看到打印出来的刚果雷达地图，是黑白的。我看到了另一个未知世界，上面有森林掩盖下的群山、河流，标明了我期待看到的地下含水体。

俾格米人和我一起勘探的时候，我在导航系统里标明了勘察地点，我把这些点标在地图上，看到含金的河流从一片高地里流出，我如醍醐灌顶，和我原来想的一样，金子就在这片高地里藏着，源头就在高地里。这片高地的地形十分独特，人们称之为"绿色岩石带"，是寻金者都熟知的狭长起伏地形，像金、银这样的基本金属就藏在这些古老山峦的底下。想象一下吧，就比如象牙完全坏掉的时候，里面的牙髓会露出来，那么山峦底下的金子就像象牙的牙髓一样，也会露出来的。这些大山仿佛被刨子刨过一样平，在几十亿年前一次我们并不知道的陆地碰撞时隆起，把地球深处的宝藏一一展出：黄金、白金、镍、铜。随着时间的流逝，这些大山彻底消失了，只在表面上留了长长的缝隙，很有特点，叫作"绿色岩石带"，很像人颅骨上方的接缝。

在拿到那幅图像两个月之后，我回到了夏于山脉的班左口村，回到俾格米人的村子找到他们，告诉他们要到这座狭长小山的顶上去。他们回答我说："不行，老板！""为什么?""因为上面有妖精,坏妖精!""那我们一起上去和坏妖精聊聊天,让他们看看,我们是最强大的。"经过长时间的交谈,和他们交换了弹盒、步枪和缠腰布,我才把他们说服,开始向这座隐形金山出发。

路上,俾格米人和我说起了一座会唱歌的大山,叫莱库穆山,在卢埃塞河的左岸边上。他们向我确定,好几次月圆之夜听到那里的歌声,伴着达姆鼓和森林精灵的笛声。传说总是以事实为基础发展出来的,但当时听到这件事的时候,我还没有办法给出一个合理的解释。

我原来就知道莱库穆山是一座铁山,因为一走到附近,指南针就找不到北,而且淘金盘里的铁屑特别多,把盘底的金子都盖住了。这座山非常危险,大家都知道过去大山吞噬了好几位勘探者,包括 19 世纪 70 年代末夏于山脉的保罗传教团,有几位从加蓬借道而来的勘探者,都在此丧命。

这次进山不到一年之后,我就解开了"唱歌的大山"的谜底,有一次,我偶然得知在班图铁匠的学徒拜师仪式,人们会去莱库穆山铁矿平巷里去敲鼓、吹笛。这个仪式是秘密进行的,绝对不会让俾格米人知道——钢铁冶金是精心选拔的学徒专门练就的本事,可以说是战略行业,因为如果战争,铁非常有用。

走了几天之后,我们终于找到了俾格米人向我隐瞒的金矿井,他们到过这里,也应找到了金矿的源头,就是雷达图像上显示的那个。但不想让我看到的是石英矿，他们吵着去开采，但怎么也捣不碎。

本地金子的来源正是第一幅雷达图像上那一大片缝隙区。他们问我："你是怎么发现我们的黄金母亲的？"我回答他们："你们不是有魔法吗？我也有啊，我有我的魔法！"大家听到我打马虎眼，都哈哈大笑。

1997年10月13日，四个月的巷战、密集轰炸达到极点，战争结束了，民兵部队把我们的基地营全部拆除。幸亏我之前走的时候，带走了所有的地图和淘金盘里的样本。这次内战结束了我在刚果的黄金、石油探险之旅，但它还是让我想出了一个前所未有的新概念，前途一片光明。我确信这些雷达图像可以让我解放自己，像掀开瓦片的跛脚恶魔①那样，揭开广袤领土深处的秘密，在原始森林里发现了意想不到的矿藏。这是我和魔鬼的交易吗？我觉得不是。

1997年，我结束了为埃尔夫公司20年的服务，在那里我得到了宝贵的经验。石油勘探是一所严格的学校，学习管理预期风险、学习有勇气面对那些钻井结果带来的永不停歇的智力挑战，学习在未知面前丢掉恐惧。臭名昭著的丑闻，幸好没有染污到勘探技术的神勇之队，我对这支队伍一直保

---

① 《圣经》里讲到的恶魔——阿斯摩太，长着蝙蝠的翅膀，经常把别人家的瓦片打开往里看。（译者注）

持着敬意和钦佩。那段岁月留给我擦拭不掉的痕迹，深深地刻在我的基因里，在我接下来的勘探生涯中起到了重要作用。那段经历让我对人类的看法丢掉了许多天真，变得现实起来。我甚至可以说，在这家公司的最后几年，差点把我变成一个愤世嫉俗的人。

把对原来公司的义务卸掉，我马上创建了自己的勘探公司。埃尔夫巴黎总部得知我辞职的消息，不胜愤怒，所有的同事和老板都一起反对我，预测我将来什么工作也找不到：所有这些给我上课的人，他们都还不知道，之前逃离布拉柴维尔的总裁要把埃尔夫卖给道达尔，他们自己不是遭到辞退，就是被带上法国法庭、对峙公堂。

1997年末，我终于卸下了这个负担。从此我背上了责任，自由地面对我的成功和失败。一条笔直平坦的大路在我面前打开，就像一张白纸，需要我亲手填满，第一件要做的事就是找到经济来源，才能继续我的工程。

一离开埃尔夫，我就赴美参加地球监测雷达新工具的培训，还没有一名工程师会使用这项新技术。新技术为我打开了新的勘探领域，将让我发现新的金属和石油矿床……我一点也没想到水层勘探，在石油勘探和矿物勘探的路上，没有任何线索预示我会为人类服务。

那时候，没有人教如何使用雷达，美航局是为了学术目的才开发了雷达卫星。很多优秀的教授一直在做数学和物理方面的研究，但还未涉及地质应用方面的问题。我大概是第一个投入到这块未知领域里的人，加拿大航天局几次邀我去温哥华、东京、墨西哥、圣地亚哥·德·智利和布宜诺斯艾利斯去介绍我在森林里和俾格米人找金矿的情况。

在完善这个项目的时候，我遇到了新限制：我还不能非常完美地掌握雷达工具的物理概念，这可不能靠直觉来做到。雷达图像和照片不一样，不能用同样的方法来阐释，而是更接近超声波图像。因此我到欧洲空间局参加加拿大航天局的培训，那时正好是加拿大航天局发射他们第一颗民用卫星的时候。

为什么发射 RADARSAT 卫星？肯定不是为了去刚果原始森林勘探！而是为了帮助北欧的商业航船。加拿大航天局发射这颗卫星的目的是为了在冬季检测极地冰盖，帮助商业航船避开冰山，冰山给雷达的反射波很清晰，可以在大雾天气下引导船只航行。他们肯定没有想到这些图像有一天会转而拿去中非的白云、林冠下寻找金矿。

当时，渥太华加拿大航天局的一位科学家伊夫·克里维尔来图卢兹讲一个十几天的课程。听课的人数不多，一小撮地图绘图员和军人而已，小组里只有我一个矿业工程师。

我们一起复习了雷达实用电磁学的基础知识，包括特性、应用领域，然后学习辨认冰冻的陆地、亚马孙河流域的森林、森林中水坝产生的影响。接着，我们学习把雷达技术应用到农业生产上，例如亚洲稻米的生长跟踪、加拿大的混农林业、亚马孙河流域的森林砍伐、撒哈拉沙漠上常有人走的路线和废弃的路线。但还没有把雷达应用在地质领域。接下来的九个月时间，我在加拿大、法国、刚果度过，那是我们的基地营被毁之前，我在刚果接到的工作是评估马约科地区的潜在金矿。

那时加拿大航天局建议我在温哥华定居，加入他们的雷达—地质团队。可我品尝到了自由的味道，我有自己的白纸要填写，我的翅膀已经张开，怎么还会重新变成一名小小的雇员呢？尽管我不知道前路的艰险，甚至连想都没想象过。

第5章
利比亚的发现

大型人工河

位于荷兰赖斯韦克的壳牌石油公司研究中心[①]对我在刚果的雷达勘探很感兴趣，邀请我于2001年在"创意孵化器"[②]规划框架内，在新的应用地区测试雷达新工具，勘探气层，首先是在莫桑比克的卡洛超群，然后在伊朗和伊拉克，沿着库尔德自治区的扎格罗斯褶皱山脉，最后又去了利比亚的苏尔特沙漠。

正是在苏尔特沙漠，我没有发现壳牌公司让我找的石油，

[①] 壳牌公司也叫荷兰皇家石油公司，是英国、荷兰合资石油企业，世界石油巨头中的第二大公司。

[②] "创意孵化器"是壳牌公司于1992年推出的计划，旨在鼓励低成本的烃勘探技术革命。

而是发现了水——一大片泄漏出来的水，有几亿立方米之多。这个发现出乎我的意料，像谜一样没法解释，后来我终于明白，这些水是卡扎菲总统下令建设的巨型人工引水渠所漏出的水，水量之大，令人咋舌。卡扎菲建引水渠，是为了把努比亚地下水运到利比亚北部重镇。

这条大型人工河工程巨大，经过十几年，动用了可观的工程资源和数以亿计的美金预算才得以建成。这个规划由教科文组织赞助，是卡扎菲的光辉时刻——一个总长达4000千米、直径4米的输水管道，为沿海人口输送饮用水，这曾经是让伟大元首享受荣光的振威之作。

这片深层水是石油专家在努比亚砂岩区发现的，厚3000米，水量充足，水质纯净，总水量达几千亿立方米，如果利比亚保持现在的用水节奏，这片水可以足够他们使用两百年。

我喝过苏尔特和的黎波里的水，水质极好，作为神奇的奢侈品供民众免费饮用。问题是这片水源自塔济尔布、古达米斯、迈尔祖格的沉积盆地，是史前多雨时期天上落下的雨水形成的，再生能力极弱。现在水的再生、重新注入已经停止，当地每五年或十年才下一次雨，雨量微不足道，雨水刚刚落到地面就蒸发了。

而且，这片水是利比亚、阿尔及利亚、乍得、埃及四国共有，利比亚没有与邻国磋商，便自行开发起来，他们汲水，对每一个国家的总储水量都产生影响，会因此牵扯到政治利益。

　　输水管道就埋在地面下几米深的地方，但使用的水泥质量差，混凝土输水管里漏出的水，马上被沙漠的沙子吸收，地面上了无痕迹，很难探测到。我成了第一个发现漏水点的人，漏水点不止一处，虽然都比我发现的这处要小，但数量很多。

　　发现之后怎么办？如何告知利比亚官方，才能帮助他们修复这一生态灾难？化石水无法再生，十几年前美航局就提到过这片水源。我当时应该通知教科文组织，但那时我还不知道他们参与利比亚化石水项目。

在观察的领域中，机会只偏爱那种有准备的头脑。——巴斯德

　　匆匆回到布拉柴维尔，我让自己的情绪稳定下来，这时，我意识到一件事：如果我能发现利比亚地下水泄漏，那我应该可以在地球上任何一个地方发现含水层……含水层其实只是一大片泄漏出来的深层水。

　　但关注水可能没有任何用处。水没有任何商业价值，研究它有什么用？如果我能找到水，谁为我的研究买单？不知道是哪股狂热把我推向了不理智的行为，我努力向幻想出发，投入自己大部分空闲时间，自己出资，用了连续两年时间进行研究，研究吞食了我所有的周末和拮据的家庭预算。

　　但我的直觉一直告诉我，这个挑战值得接受。当然，其中一个原因是水是稀有物质，但更重要的是，我真的喜欢科学挑战。在执行各种矿业勘探、石油勘探任务之余，我都在研究雷达找水项目，从事矿业和石油勘探工作只为让我养家糊口，我的生活既没有奢侈，也没有浪费。当视线让北海的"圆顶盐山"遮住、所有人都举手投降的时候，我不是找到新的解决方案了吗？

从卫星传回的雷达图像可以看出，凸凹不平的干旱地区在图像上明度非常高，因为地面上的障碍物多。可是信息如此之多，便隐藏了明度同样高的其他图像——地下的湿度也会让图像明度增高。但如何把地面上的障碍物，如悬崖、村庄、骆驼、车辆和地下湿度区分开呢？我感兴趣的是深层湿度的信号，它们可以指引我寻找深层资源。

晚上做梦我都在想这件事，我在大脑里把现存的所有数学算法都已经过了一遍，自从出现第一批卫星，美航局的科学家就一直在处理这个古老的主题。战略家们是对的：用卫星寻找水源，是一个古老的梦想，找到解决方案的人会进入无边无际的未知世界。那还是科幻小说吧，我们面前就有一个未知的星系，就在地面下边。

但我，我有资格接受这样一个挑战吗？我既不是有权力的人，也不是政治人物，连富有都谈不上，但至少还是个蹩脚的谈判人，最多也就是有些好奇心和洞察力，但我能做到坚持自己的看法。这些年，我和家人都没有出去度假，所有能空出的时间都在电脑前度过。这对家人是不公平的，但这是我唯一的解决方案。

从哈勃空间望远镜到 Watex 水源勘测系统

哈勃空间望远镜升空的时候，天文学家已经解决了大气干扰的问题，这样就可以更好地观察和解释遥远的星团。能不能从它身上找到线索？

我发现我的水源勘测系统和哈勃望远镜的问题解决思路是一致的，但我遇到的是局部困难，因为地面 600 米以下的视野已经可以通过地震勘探法解决了。我要解决的是地球表面到 600 米之间这段距离的视野问题。怎样才能摆脱掉地球表面障碍物的干扰，让信号直接显示地下的湿度？

再荒诞的梦想，也会有办法实现。这个问题，我想了两年，但徒劳无获。我试了一个又一个信号处理数学算法，都没有成功。唯一幸运的是，这次不需要找一位秘书帮我整理成箱的卡片，我们的家用电脑比二十年前埃尔夫阿奎坦公司用金价买来的军用电脑Cray- one还要强大，而且操作性更强。

想到当初在尚布尔西城堡，在埃尔夫阿奎坦公司研究中心，做枯燥的地震信号处理工作，我就能一天接一天进行了几十亿次计算，这样才能逐渐摸索，打开我向地下看的视野。但即使这样，我也连续好几个星期都没有显著进展，地面的障碍还是去不掉，总是和湿度信号交错在一起。

就在我准备放弃的时候，发生了一件神秘的事情，而且是神秘事件里最奇怪的一件，我做了一个梦，梦告诉我一个非常高明的答案，我激动地记在一个笔记本上，害怕醒了之后会全部忘记。

第二天上午，我把最后一个缺少的程序上传到电脑里，又计算了两个小时，然后屏幕上出现了一幅前所未见的新图像。在这幅地图上，我看到所有的地面障碍都被滤掉了，就像哈勃望远镜一样，我惊呆了，这完全超出了我的期望值，一个地下未知的世界出现在我的面前，上面有光亮，有黑洞，有一条条明亮的曲线，有那么多前所未见的指数可以解释地下的世界。

这个科学发现真是难以置信，像一个梦，我终于可以看到里面是什么样子，可以用它为全人类服务。它把我引向了巨大的地下储水区，水，就藏在岩石里，水，就藏在地球上最出乎意料的地方。

第 6 章
达尔富尔危机和真理的考验

希腊人正是通过不断尝试才攻克了特洛伊。

——忒奥克里托斯

两个月以后，2004 年 2 月，命运又发给我另一个奇异的信号，图卢兹 Spot Image 公司①一位联系人给我打来电话，他刚刚接受"联合国卫星应用服务项目（以下简称卫星项目）"②的任命，将赴日内瓦任职，"卫星项目"与日内瓦难民署有一个合作计划：达尔富尔 25 万难民逃往乍得，在沿着苏丹边境

---

① Spot Image 是一个由法国国家太空研究中心、法国国家地理林业信息研究所、航天制造商创建于 1982 年的股份有限公司，是空中客车防务及航天公司的子公司，运营 SPOT 地球观测卫星。（译者注）

② 联合国卫星应用服务项目，总部在日内瓦欧洲核子研究中心内，是联合国训练研究所的卫星应用服务项目，研究全球卫星图像，旨在服务于人道主义行动。

650千米的范围内避难。在苏丹逃亡的路上，许多人因渴致死。逃到苏丹后，他们就可以获得联合国难民署的救助，难民署已经在难民营救助了数以千计的儿童、病人和伤者。

使用我们的新方法，是不是可以尽快为难民"部队"找到可饮用水呢？难民还在源源不断地逃离苏丹。

我受到很大震动，但震动来得正是时候。责任重大，超出了我能承受的范围，但说到底，多年以来我给自己的各种折磨，不正是等待今天吗？我不能马上给出确定的结果，但绝对要试一试。我们的"水战"刚刚开始，在道义上，我们没有迟疑的权利，更不能后退——晚一天，伤亡人数就会多一些。

接到电话的第二天，我到了日内瓦"卫星项目"中心，和那里的合作伙伴确定紧急救援计划的细节。我完全进入了一个未知的场景，在乍得东部飞沙走石的荒漠里，与死亡赛跑，这对我来说太抽象了。

乍得东部干旱地区达8万平方千米，相当于葡萄牙全国面积，我们有四个月的时间确定主要水源位置。从现在开始，我们要动员所有资源，帮助从达尔富尔过来的难民。为了找到水源，我们像剥洋葱皮一样，一层一层地排查，把整个地区每一个角落都搜遍。

非政府组织都慌乱起来，情急之下盲目挖井。他们的成功率不到30%，也就是说，挖四口井，有三口是干井，只有一口井里有水……浪费时间，损失金钱……而我们这四个月的行动，会在更广阔的地域范围内确定含水区域，大大降低成本，节省卡车向难民营运水的交通费，因为有时要从很远的地方送水。沙漠地区的情况非常复杂，既是战区，又是雷区，再加上没有饮用水，没有食品，没有安全保障——阿拉伯骑兵、土匪袭击营地，想从难民身上刮点油水；虽然困难重重，但我们希望，我们的研究成果能帮助非政府组织更精确地锁定目标，精确度应该可以达到十几米。

我把公司总部和办公地点选在法国塔拉斯孔，圣于尔絮勒会的修道院里，每天晚上，从各大宇航局下载的数以十亿计的像素到达办公室的电脑里。我们把光学图像和雷达超声波图像收集在一起，一块一块地根据地理位置，把图片像拼装马赛克一样拼合起来，精确度达 6 米。

我们在电脑前面进行了三个月的高强度工作，处理、解读美航局、美国航天飞船、加拿大卫星、日本卫星、欧洲卫星提供的图像，画面上逐渐出现了几个以前不为人所知的含水层。下一步就是通过实地勘探，证实新工具的有效性。这是人类一次伟大的科学冒险，虽然我们还处于试验阶段，但作为石油工作者，我的直觉告诉我，我们走的方向是对的，成功就在前方。

打印好一份纸质地图，笔记本电脑存储了一份数码地图，我跳上巴黎到乍得恩贾梅纳的飞机，全部的行李就是一个背包，里面装着锤子、全球定位系统，还有最重要的是我的地下导航系统。

我们要搜索的地方埋在地下，在地面上是看不到的。因此，我把笔记本电脑里存储的地下含水层数码图像联结到全球定位系统上，这样我就知道我所处的精确位置，就像一个飞行员，虽然身处浓雾之中，也可以通过雷达准确定位降落的跑道。

在此期间，我们接到让人非常不安的消息，每天有成群的难民沿着苏丹边境到达乍得。难民署在路上接收难民，他们的身体状况令人绝望——有的人刚到难民营几个小时就死去了，大量补水也救不了他们。

人们很容易就说出"我渴死了"，但谁知道因渴致死、脱水的真正含义？渴对人类的折磨，有史以来就一直存在，口渴引起的死亡会伴随难忍的痛苦。

首先，要知道，水是调节人体组织的主要溶剂，身体数千种功能中的每一项都要依靠水才能进行，例如，大家都知道的血液循环、营养物质运达细胞、体内死亡细胞排出体外、淋巴液循环、神经冲动传导、荷尔蒙在体内的运输及大脑运转，都需要水。温和气候下，仅是为了新陈代谢的正常运行，每天就需要消耗2—3升纯水，而在沙漠气候地区，就要消耗5—6升。

所以，如果人体缺水，血就会更黏稠，血流速度降低，流动速度减慢，静脉、动脉里会有灼烧的感觉，敏锐程度急剧下降，耳朵嗡嗡作响。人已经说不出话来，也看不见东西，心跳速度加快——因为此时疲惫不堪的身体里血液黏稠度上升，心脏工作强度加大，伴随剧烈的头痛。他很快就会失明，肌肉痉挛，并痛苦地全身抽搐。这时他离死亡一步步接近，不可逆转——肾脏停止运行，导致发生尿毒症性脑病。心脏跳动加快，很快变成心律失常。血压升高，脑血管开始爆裂。漫长、可怕的临终时刻到了，在烈日地狱般的煎烤之下，一阵阵抽搐让生命的音符戛然而止。

我的使命完成得越迅速，就越有意义，但挑战的难度大到无法想象。我就像中国神话中的后羿一样，仰视着高高在上的太阳，而它，拥有无穷的空间、无尽的时间。

2004年7月，关键时刻到了。联合国租用了一架小型双发动机飞机，把我"投放"到沙漠深处，距乍得首都恩贾梅纳东北850千米的一条很短的红土跑道上。这是乍得领土上离苏丹达尔富尔边境最近的一个村落，尘土飞扬，再过60千米，就是边境前哨。

村落里有十几座小黏土房，房顶上覆盖着瓦楞铁皮，在"苏丹"的住宅四周围了一圈，"苏丹"的住宅则是一座巨大的混凝土住宅，外面漆成白色。村里断水断粮已经很久了。在一个空有其名的"市场"上，只能找到蒜瓣和几听过期的罐头。商人们自己也体力不支，可见这个地区几个月以来的饥荒肆虐到何种程度了。

面包房已经消失很久了，我觉得这里可能根本就没有面包房。非常幸运，美国驻恩贾梅纳大使馆给了我几份战时定量食品，我拿回去和难友们分享。不到几个小时，我的身份就变了——我到了难民营区，我和难民唯一的区别就是包里有临时的野营用品和一个净水泵，希望沿着难民走的路线会有水，说不定就在沟壑里，或者干谷的底部。

伊里巴[①]难民署的大本营就在小村中心，这间黏土房非常宽敞，有一圈原白土的围墙。我们一起住在一个大房间里，蝎子、蜈蚣、臭虫、蚱蜢、蜘蛛满地乱窜，甚至还有"运坦克蜘蛛"——它们的多毛的后背上背着蝎子宝宝！我们的房间无论用扫帚扫多少次，还是满地的甲壳类昆虫和爬行动物的巴别塔。营地守卫跟我说，我们已经很幸运了，因为这里没有蛇，我承认，听了他的话我很放心，只要不下雨，它们就不会从洞里爬出来。

没有杀虫剂，我们的忍耐力大大增强，但没有想到的是，这些动物会日以继夜地在墙上、地上，甚至床上征战得不可开交。我们都被逗笑了，只是我们夜里下床的时候，地面传来昆虫被踩碎的噼噼啪啪声，或者如果蚊帐漏几个洞，交战

---

① Iriba.

的昆虫们会忙着进进出出，我们就笑不出来了。后来因为我们基本上没东西可吃，所以就很少往地下掉食物残渣。饥饿的害虫没有别的办法，只能互相吞食。清晨即起、洒扫庭除的时候，房间地面满是被残食一半的昆虫尸体，我们都忍不住要清点一下数量，找点乐子。

第二天早上，司机开着从伊里巴苏丹手里租来的"路虎"来接我，这车已经老得摇摇晃晃了，而且我发现上面连备胎都没有。司机是伊里巴苏丹的远房侄子，我告诉他备胎的事，他肯定地告诉我，"这里的轮胎从来不爆"，所以根本不需要放备胎。我看到他过于洒脱了，就要求他出发之前必须找到备胎。这样，我就必须妥协——出发之前必须去向苏丹致敬，或者对他行吻手礼。这是当地的礼节，行好之后我终于看到了车后安置的宝贵轮胎。但再次检查的时候，发现还缺换胎用的千斤顶和手柄！

这样，第一个上午我们就损失了很多时间，我们后来终于上路的时候，干旱肆虐的大地上方，太阳已经开始像火焰山一样喷射火光。

司机开车带我朝提内①村方向走，穿过瓦达伊区东部广阔无垠的沙漠和沙丘，向最近刚遭轰炸的边境开去。一到苏丹

---

① Tiné.

边境附近，我们就经过了难民们常走的路线，他们在风沙里飘荡着。这片地区有火山玄武岩，所以颜色发暗，零星散布着小堆的沙丘、嶙峋的岩壁。难民们个个骨瘦如柴，接近失明。他们硬挺着头颅，无声无息——他们马上要渴死了。无国界医生组织的医疗团队在边界待命，收留难民的时候，难民已经接近完全脱水。然后难民署卡车火速把他们运到中转的难民营，这些营地都是匆忙搭建的，工作人员在那里把难民登记入册，提供初步的帮助。

这里七月的天气特别炎热，阴凉处的气温也可以轻松达到50℃，从伊里巴出口一直到苏丹，沿途几百具动物尸体，驴、绵羊、山羊和骆驼，它们都累死在路边，像路标一样散布在路边。

一个成年男子每天应该至少喝5升可饮用水，才能在这里活下去。先死的是孩子和牲畜，死后尸体就弃在路边，没有例外，一个接一个的痛苦灵魂连成线，在沙丘之间游弋，让人毛骨悚然。风吹着沙，渐渐盖住了孩子们的裹尸布。

死去的牲畜是幸存者丢失的财富——数千个难民家庭的财富，就这样陈尸遍野，咄咄逼人的阳光下，它们不体面地腐烂了，风沙吹着难民，逃离苏丹，他们就这样破败了。路边那么多腐尸，连豺狼都懒得碰。

那天早上，我们还在大笑着清点房间昆虫的数量；可是就在同一天，出于尊严和悲悯，我没敢计算平原上的尸体数量。从遇难者身上，依稀显现了末日审判的轮廓。我咬紧牙关，告诉自己，帮助这些难民最好的方法不是抱着他们痛哭，而是尽快给他们找到水喝。

以前我从来没来过这个地区，但我用卫星已经把每一个小角落都排查过，对它非常了解……至少非常了解地下的情况。在导航仪的屏幕上，背景是雷达地图，随着汽车的前行，我对自己所处位置进行实时定位，看着雷达图在屏幕上移动。烈日当头，我不得不在车窗上挡上毛巾，制造些阴凉，才能看清前行中屏幕上图像的变化。也许这也是保护自己的方法，挡住鬼魂的眼神，可他们渐渐地走进了我的夜梦里。

我只给司机很简单的指令："向右，向左，直走。"正是听了这些指令，他带我到了地面上看不到的目的地。跟着地图和全球定位系统，我们终于到了提内村，就在苏丹边境附近。

到了卫星定位的目标处，我从车上下来，用一支简陋的笔蘸着白色的涂料，在崖壁上画一个叉。我突然意识到我的处境多么荒谬——我在做什么？我是地球物理学石油专家，有份稳定舒服的工作和贤惠的妻子、可爱的孩子，居住在普罗旺斯一栋漂亮的别墅里，我跑到一个遥远、冷漠的黄色星球来做什么？周围都是飘着臭气的悲惨尸体！

可能因为我古怪的双重人格吧。不管怎样，我都感觉到自己在穷山恶水里的重要性。找到正确的地点，在崖壁上画些白色标志，可能会让饮用水从地底下溢出来，这些人就有了水喝，以后，可能无论在地球任何地方，我都可以让饮用水从地底溢出来。超越眼前的荒谬，我知道，这就是我应该在的地方，由于前线规模拉大——提内、图卢姆、伊里巴，然后从巴阿亚到北部边境的恩内迪，全线崩溃，这种形势将会一直持续下来，我可以帮助数以千计的难民，让他们幸存。

恐惧，不是自己想出来的。为了保证安全，尽量减少事故和劫持人质事件发生的可能性，现场工作必须做得又快又好。悲剧总是不期然而至。人们只会想到身体遭受的意外、局部受伤、身体残疾或者死亡，但让人恐惧的不是这些，而是看似平常，但实际上更微妙、更深层的东西。当它抓住你的时候，就不会放手。虽然恐惧让我变得更有攻击性、激发了我的发明才能，但它并没有让我的生活变得更简单。

幸运的是，轰炸村庄的飞机并没有飞过乍得边境线。他们轰炸提内村的时候，我还担心他们会不会炸过来。就是那时候，我发现有一只充满力量的手，一直紧紧地抓着我的肩膀，把我向前推。正是这种感觉一直推着我，让我超越头脑中给自己设定的界限。这种感觉很难让人理解，但有一股力量告诉我："往前走，继续前进。"

一天快结束的时候，我们到了乌雷·卡索尼难民营，就在苏丹边境附近的卡利亚里水坝边上。这片人工储水池里的水有好几个星期没流动了，水质很差，会引发疾病，但临时营地的 2.5 万人都靠这水生存，水量也不够补给未来几个星期整个营地难民的需求。水罐卡车队已经上路，往这里送水。

乌雷·卡索尼难民营在一片高地上，几千顶帐篷一字排开，我在这里又碰到了难民署的工作人员。卡车把难民源源不断地送到营地来，工作人员为难民提供初步的帮助，并把他们的情况登记入册，给每个家庭一个胸卡，安顿在帐篷里一个位置，凭胸卡可以获得医疗服务和食品补给。

夜晚的风是沙尘暴或者暴风雨的前兆，一阵阵狂风平地而起。空气中充满了细小的黑色灰尘。我当时正在和杰弗里·沃德利——一位难民署负责人讨论营地水源需求的问题，我们面前的一个妇女突然大叫起来：强烈的风暴把她一半帐篷吹上了天。

我们两人冲上前去，用调紧装置和螺钉把帐篷用绳索紧紧固定在地面上，但地面是沙砾，又紧又硬，幸亏我随身携带地质锤，在地面凿出一个更深的坑，把让风拔出来的桩子插进去。我们费力地把帐篷固定好，满眼都是沙子。

那位妇女哀号得更厉害了，我们进到帐篷里，看到她的小行李还在，孩子蜷缩在里面，很安全。她就用英语跟我们说起话来，她说话的时候就像唱歌，但没有抑扬顿挫，也不停，一连串地说下去，很相信自己说的话是真的：她的丈夫富有，很富有，他还有四个妻子，不久他就会来把她从灾难中解救出去。但她丈夫在哪儿？在边境附近被杀害了，杰弗里告诉我，另外四个妻子也都被杀害了。他在临时难民营的第五个妻子已经陷入绝望，快要精神错乱了，两个孩子缩成一团，一个靠着另一个，像两个可怜的小动物。

夜幕降临的时候，我们离开那里，折回巴阿亚难民营，在南边几千米的地方，也是靠近苏丹边境的地方。我们希望那里有联合国蓝盔部队，这样就能过一个安心的夜晚。

在巴阿亚，一所临时学校的土墙被捣毁了，里面只剩下一处住房，黏土墙一半已经坍塌，上面盖着一大块瓦楞铁皮作房顶。在乌雷·卡索尼难民营工作的非政府组织成员，就在这里"避难"。最幸运的工作人员住在难民署的大帐篷里。

乌云滚滚，闪电划空，倾盆大雨，夹着污泥，噼噼啪啪地砸在瓦楞铁皮上，无国界医生组织、联合国儿童基金会、世界粮食计划署①、国际救援委员会②、乐施会③、联合国难民署和其他非政府组织的五十多位年轻志愿者，全部挤在同一屋檐下躲避。

蜘蛛、蜈蚣、蝎子从积满水的洞里和窝里爬出来，纷纷

---

① 世界粮食计划署是联合国粮食救援组织，是世界最大的人道主义机构，致力于抗击全球饥饿问题。

② 国际救援委员会成立于1933年，由阿尔伯特·爱因斯坦发起成立，初衷旨在帮助希特勒政府的反对者。在达尔富尔种族危机时参加援助。

③ 乐施会是一个非政府组织联盟，致力于消除世界上的政治、经济、人道主义领域的不公平现象，对抗贫困。

跑向我们的简陋小房，有的人被动物吓到，宁可从我们的避难所逃出去。几分钟以后，雨水变得清澈洁净，落到瓦楞铁皮上流下来，我借机去檐槽接水，把自己的军用水壶装满，看到仍然留在房子里的邻居们，他们的水壶也是空的，便跑去统统装满。

我在军用背包里藏了一盒非常珍贵的雪茄，一共两根，留着惊慌失措的时候排解心情。我把这一珍贵的、极其奢侈的时刻，和杰弗里——我的难友分享，在绝对贫乏的氛围中，吸几口雪茄，就又有精神了。

乌云逐渐散去，雨也随之而停。暗夜终于变得清明、安宁、凉爽。与其和满墙满地安营扎寨、四处乱爬的动物们共处一室，还不如到学校围墙内露营：我们从定量食品中拿出几听罐头吃，然后搭上简易帐篷，支起了行军床和蚊帐。

第二天，我继续捡些大的石头块，漆成白色，到了最适合钻井的地点，就像拇指姑娘一样，一堆一堆地把它们排在那里。

路上，我们遇到几头饥饿的毛驴，枯瘦脊背上的木鞍上直接压着好几堆砖头。它们的主人狠狠地抽着它们的肋骨。它们也许是造物主造出的最受虐待的动物了吧。但是，它们忠实地完成人类强加给它们的工作。我问我的司机，此地饥荒肆虐，毛驴每天干这么重的活计，主人都给它们什么吃的。他被我的问题震住了，使用几近攻击性的话语回答我："什么也不给,把它们放到野地里,让它们自己找去吧!"

我反驳他说:"但是要让它们工作,就得给它们吃喝,要不就饿死、渴死了!"

宣判不容上诉:"要是它们死了,那怪它们自己。算它们倒霉!反正这里有的是驴,再找一头不就得了!"

一路沿着苏丹边境行进,顺着霍瓦干河边缘,我继续用涂料给附近的勘探地点画记号。我正在一个干谷底部工作,一辆特别大的黑色汽车停了下来,车窗是深色的,从上面下来一位瘦弱的谢顶男子,脸上露出了非常讨人喜欢的灿烂笑容,远远地向我打招呼。我的手很脏,黏黏的,全是油漆。他向我伸出手,我却没法回应。他看出我的尴尬,便问我,拿着油漆桶和全球定位系统在这么危险的地区做什么,连保护措施都没有。我回答他说,我为难民找水,给挖井的地点做记号。

他听到这个搪塞的答复很惊讶,但我告诉他我现在没有时间交谈。他提出当天晚上去伊里巴难民营找我,我想那样更好——至少我可以把手洗干净,递给他一张名片,也可以亲手接他的名片。

下午要结束的时候,我们正在回伊里巴难民营的路上,司机迷路走上了一条有地雷的路线。其实排雷兵已经放置了明显的路标:黄色带子和红底白色骷髅头。18点了,夜幕降临,牵骆驼的人背着武器在路上徘徊,好像沙漠里上演的皮影戏。我突然意识到，在这处静谧的穷乡僻壤里，在这卷着沙粒从大地掠过的狂风中，我有多么脆弱。这里没有水，没有食物，而且在这片雷区，我随时可能失去生命或双腿。

月光下，我们小心翼翼地沿着阿布斯奈干河曲折前行，这条干河的边缘是事故多发区，被撞的玄武岩锐利的碎片已经显露在外。我们尽量和苏丹边境保持最远的距离。我的目标是重新回到伊里巴提内村的路线上，不要在这个月圆之夜，像木桶一样从深泓线①陡峭的斜面上滚下去，也不要成为豺狼的猎物——这个地区豺狼横行。

将近半夜，借着月光，凭着一点意想不到的运气，但最重要的是跟着全球定位系统的引导，我们终于从这幅被撕碎的风景画中安然无恙地走出来。我们动用了伊里巴难民署的营救团队，但他们没有找到我们，总之，在这片悬崖和沙土交错的地带，他们可能永远也找不到我们。

晚上，当我打开行军床的蚊帐，钻进睡袋，倏然感觉自己垮了，老了，这些生命即将终结的人类已经把我的精力耗光，我沉浸在"怜悯、孤独、愤怒把长久以来的博爱消耗殆尽"②的情绪中。

经过又一个昆虫互斗的喧闹之夜，第二天早上的早餐时

① 河流各横断面最大水深点的连线。（译者注）
② 法国立陶宛裔诗人奥斯卡·米沃什（1877—1939）的诗句。

间，大家一起分享战时定量食品，这时，前一天在干谷底部遇见的美国男子来访。他知道了昨天夜里我在苏丹边境的遭遇，难民署一部分营救人员也出动救援，他看见我现在平安，很是高兴。

我花时间跟他详细解释了我做的事情——我利用美国宇宙飞船几个星期之前发布的共享图像数据，还有美航局其他卫星的数据进行自己的工作。他静静地听我讲着，记下笔记，然后把名片递给我。他不是记者，也不是非政府组织的代表：他叫比尔·伍兹，康多莉扎·赖斯的顾问，华盛顿美国国防部的地图绘制师，他来达尔富尔亲自了解情况。

接下来的日子如白驹过隙，我们一直遭受饥饿、口渴的折磨。由于后勤跟不上，水储备和定量食品供应经常中断。每天经过绵延数千米的沙土、崖壁交错的土地，没爆炸的炮弹时不时横在路上，从一个地点到另一个地点，笼罩着一层沙雾，钻进支气管和电脑里。我们竭尽全力把每天全球定位点定额完成，并把地质样本取回——一切都为了以最快的速度找到水。

每天，我们都会在路上看到人类、牲畜绝望的眼神，他们静静地、毫不反抗地等待着死亡的来临。一群群衣衫褴褛的难民在沙漠上游荡，眼里好像饿鬼一般乞求、惶恐的眼神，有时会看到几群失去父母的孩子，有时会看到失去孩子的父母，一路上横七竖八地躺着散发臭气的尸体。地上没有爆炸的炸弹和落满灰尘的尸体就像公路边上的路标，难民行走的时候，要转弯避开它们。那些尸体是人的还是牲畜的？干井周围几百具几百具死去的尸体，污染了留给生者仅有的一点水。

绕着路线行驶的时候，眼帘里闯入了超现实主义的一幕，让我的心揪在一起：一个沙丘上，放着一个崭新的名牌手提箱。这手提箱是谁的？它的主人在哪儿？主人是谁？大逃难的景象近在眼前，画面上的物品那么熟悉，存在于欧洲人的集体想象之中，至少法国人记忆犹新，我把掠过脑海的不祥之感忙不迭地赶走。

通过使用全球定位系统进行更精确的调节，我们为这片悲惨土地绘制的地图逐渐成形：我看到图卢姆和依利迪米难民营附近的钻井喷出水的时候，我知道，我们的地图是非常精确的，我们的泪水和井水同时涌出……那绝对是幸福的一刻，是对无处不在的死亡、荒谬予以的打击，是对周围人恬不知耻态度的报复。

第 7 章
紧急人道救援任务

2005 年 6 月，华盛顿哥伦比亚特区

2004 年 7 月，我在苏丹和现已过世的比尔·伍兹偶遇，他是白宫地图绘制师，康多莉扎·赖斯的顾问。他邀请我去华盛顿见面。

他对我们的技术成功印象很深，发现我的着眼点很实际。我和他在美国国务院一间舒适的办公室见面，相视而笑，但我发现他人消瘦了很多，脸色苍白。他告诉我两件事，一是他得了脑瘤，正在接受放疗；另一个是，美国国务院有出资意向，在苏丹达尔富尔地区进行水源勘探研究，勘探面积达25 万平方千米，相当于法国领土面积的一半！

但我们的技术要预先通过美国地质勘探局地质研究办公室的技术审核才行，他们的办公地点就坐落在华盛顿近郊，弗吉尼亚州的里斯顿。

听了他的话，我十分震惊。这个男人云淡风轻地向我宣布他生命即将终结，同时又在乍得和苏丹之间建立了联系。三周以后，他离开了这个世界，我知道他对我说的话是他最后的遗嘱。比尔·伍兹是我在这场"水战"里的第一位良师。

在他的推荐下，我发明和使用的 Watex 水源勘测系统，通过了弗吉尼亚州里斯顿美国地质勘探局水文地质专家们的审核，主任是索德·艾莫尔 ① 博士。他是一位出色的实用远程检测专家，跟踪气候危机的演变，同时也是白宫的科学顾问，专门负责非洲、中东和亚洲与水有关的问题。

第一次见到艾莫尔博士，就觉得他是一位和蔼可亲的人，有很高的精神境界。他蓄了和奥马尔·沙里夫一样的小胡子，眉毛浓密。他是一位水平非常高的科学家，表情严肃、慎重。

这次见面以后，美国国防部委托的所有项目，无论是在苏丹、阿富汗、索马里，还是在埃塞俄比亚，或是肯尼亚，艾莫尔博士都跟我到地球上条件最恶劣的现场去工作。

他成了我的守护天使。2013 年 2 月，在索马里边境，埃塞俄比亚欧加登地区吉吉加南部，我当时正在一条干河上勘探，采集有效的化石，以确定地质层级。他几乎是拽着我的

---

① Saud Amer.

背包背带把我拉出了勘探点，我们差点中了附近青年党民兵的埋伏，成为人质。

　　为苏丹达尔富尔绘制地图的宏伟规划，让我们投入到了一场新的大型水战，"战争"是在塔拉斯孔小镇圣于尔絮勒会的修道院里半明半暗的屏幕上打响的，那里是我法国公司的总部办公室所在地。我们日以继夜地计算，没有周末，很少休息。几十亿像素从我们眼前飞过，我们标注地理坐标——经线、纬线，把几百幅卫星图片拼装在一起、解读、印刷。六个月之后，我们终于在这张耐心组装的巨大拼图上，发现了苏丹达尔富尔地下一整条线索——苏丹恶劣的沙漠环境里，战争蹂躏，阳光肆虐，但有一条马拉山脉，是一座活火山，宛如一座水塔，在3000米的制高点上，水流不断，补给下面的河流化石。

　　结果让人难以置信！我坐在屏幕前，好像被这个惊喜钉在了椅子上，好几分钟动弹不得——水量足够几百万人饮用，足以结束这场肮脏的战争，结束所有的犯罪和一贯的破坏活动，地区可以恢复农业经济，喂养牲畜，人们又有了尊严和希望。苏丹的水远比乍得东部——我初试牛刀的地方——的水多。即使对我们来说，水都多得难以想象。

　　但为什么人们会在达尔富尔渴死？因为水不在地面上。距今两千到三千年前，这里有一条河流，这条古代河流的化石现在已经成为巨大的地下走廊，渗漏到地下30米到60米的深度。那么，这里的水可再生吗？看起来是可以再生的，因为从雷达图像上可以清晰地看出，这条地下网络是从马拉山脉侧面起源，这座火山每年可以接收到 2 米深的水。

现在就要亲赴现场确认、确定结果的有效性，然后才能去说服别人。但那是战区，去哪个地方？跟谁去？怎么去？那里不像乍得，有军队的保护，那可是苏丹，枪炮不认人的地方。但我确信，这些问题一定能找到答案。答案就在索德·艾莫尔博士那里。

2006 年 5 月：苏丹喀土穆

索德·艾莫尔博士在喀土穆组织了一次培训研讨会，受到教科文组织和美国国务院的帮助，这样我就可以在那里介绍我们的绘图研究成果，有 40 家非政府组织参加研讨会，他们主要受到联合国儿童基金会的支持。

研讨会终于如期举行，与会者是钻井公司，他们钻井地点是在难民逃难途中借宿的营地边上，根据我所绘制的地图，在达尔富尔几千处目标点钻井，这些营地主要集中在法希尔、尼亚拉、杰奈纳等难民营附近。那里数百万人口正在进行迁移，挤在难民营中，生活极其不稳定，只能靠世界粮食计划署的粮食救援和水罐车里的水苟延残喘，而为难民运水的费用每年高达上亿美元。

这次培训之后，我回到法国，那时一些主要营地已经有了卫星连接，我便开始义务地和这些留在现场的勇士们直接通过互联网一起工作，毫不放松。

2006年5月到2007年5月，这一年间，我们从塔拉斯孔的办公室，成功指导了所有30米到60米深的钻井工作，总数接近1700口，其中大部分每小时稳定出水可达20立方米到30立方米，所有营地的水源安全从此高枕无忧。星期日，我把一周勘探结果做出总结，周周如此，由于钻井队会零散地提出问题，我也提前准备好答案。达尔富尔地域非常广阔，他们之间的距离经常会达到几百千米。

苏丹的联合国儿童基金会使用我绘制的地图，最终在两年间一共钻了1700口井，解决了300万迁移人口的饮水问题。有的营地搬了家，为了离水源更近一些。人道救援的紧急问题解决了……但我开发的系统是否有效率？我和与我联系的钻井公司通过邮件联系进行了调查，他们在法希尔、尼亚拉、杰奈纳难民营附近钻井，但由于我们互相直接联系，答案并不可靠。需要找一个中立的合作伙伴，才能获得客观的科学评估。

我借用这段"潜伏期"，在2006年发表了第一份关于Watex水源勘测系统和在达尔富尔实际使用的科学报告，在菲罗兹·韦尔吉博士的帮助下在一份科学刊物上发表。

菲罗兹祖籍是印度的古吉拉特邦。他的整个童年都是在肯尼亚、乌干达度过的，后来全家逃往英格兰，最后他在加拿大温哥华定居。我第一次见到他是 2002 年，那时他是 RADARSAT 国际股份有限公司的亚洲项目负责人。由于他以前的工作经历，这些雷达照片对他有特殊意义，他愿意给所有深陷危机的国家提供雷达照片，这样，他也可以通过看照片比别人先知道重大气候事故、重大地质事故的规模，特别是在台风、地震、海啸发生的时候，公司客户对雷达照片催得很紧，他会把大量照片发给客户。

我们在美国乔治·华盛顿大学危机、灾害与风险管理所共同写作了一篇关于达尔富尔的文章，发表在一份关于远程探测的科学刊物①上。那时，他还是美国内政部下属的美国地质勘探局的研究员、咨询师，主要的工作领域是防灾减灾。

菲罗兹·韦尔吉博士和艾莫尔博士一样，关心人道主义事业，善良可亲，无论生活的恶浪多么汹涌，脸上总是闪着智慧、从容的光芒。我钦佩这两个男人，他们身上的优点是我所不具备的，遇到他们的时候，他们总是给我惊喜，让我能和他们一起共事。我们好像已经相识了几千年，每次相会都会描绘出新的远景，在未来从容、果断地践行。

---

① 菲罗兹·韦尔吉，阿兰·葛山，潜在水源地图绘制：在乍得东部使用 Watex 水源勘测系统支持联合国难民署的难民营行动，《地理信息系统（GIS）》，2016 年 4 月，第 4 期，第 10 卷。

尽管此次勘探成绩斐然，但达尔富尔难民营附近的水井已经使难民获得了安全的饮用水，而且水是可再生的，便再没有人关注此事，各机构预算截止，他们也不需要我了，我回到了法国。由于我对商业谈判没有天赋，也没有热情，所以没有谈成、签订任何新的合同。

悲观主义者在每个机会里看到困难，乐观主义者在每个困难里看到机会。

几个星期之后，我到日内瓦介绍 Watex 水源勘测系统，我看到听我介绍的"联合国卫星应用服务项目"工作人员眼神中的尴尬，2004 年 2 月，他们给我打来紧急电话找我合作，我看到他们有所顾忌，就问他们发生了什么事情。他们告诉我："阿兰，你使用的技术我们理解不了，你让我们很为难，这个障碍很大，我们没有办法开展后续合作。"

他们的态度等于直接告诉我，他们向我索要我们公司自主开发的知识产权的保密内容，但即使我把技术的关键信息告诉他们，他们也用不上，"卫星项目"的工作人员里面没有一个人是地质学者或地球物理学者，更谈不上石油勘探专家——这个项目很快就泡汤了。

这样的结果令人沮丧。既然他们的思想比事实重要，比我们 2004 年一起救过的人命重要，那么可能以后我再也不能和他们一起合作了。

况且，自从2004年我们开始合作，"卫星项目"的志向并不在于找水，而是绘制自然灾害地图，例如海啸、传染病、营地结构细节及基础设施，因此我没有对我们合作关系破裂感到痛心，而是觉得这是对基本原则的挫败和背叛。我原以为他们和我一样受过科学教育，一样聪明、有同情心，我原以为我们会有思想的契合，通过使用我提供的新工具，共同想象、预想、建设、打造未来……

但我很快就明白悲观者缺乏想象力，他们只能看到机会中的困难。勇气是不是乐观主义者最重要的美德？他们是不是知道如何把困难转换成机遇？从我个人的角度来讲，答案是肯定的；因此，我认为退缩和胆怯是最大的精神缺失。

2014年4月，我去乍得做一次勘测评估，当地政府主管机构告诉我，这些国际组织借执行寻找水源任务之际，鲸吞几百万美元，无所事事，顶多在地下20米到50米的冲击层挖传统水井，否则，他们怎么会开着豪华的越野汽车在恩贾梅纳的大街上炫耀，提交成箱让人看不懂的报告？他们告诉我，两年以来这些组织在恩内迪没有成功打出一口水量大的深井。

这种心理倾向是大多数非政府组织的特点，让我想起了阿尔伯特·爱因斯坦一句狡猾的名句："理论，就是什么都知道，但什么都运转不起来；实践，就是什么都运作良好，但没人知道为什么。"

如果人们知道已经有了解决问题的技术方案，也存在聪明、有同情心的人，但他们为了不影响个人的职业生涯，为了不当"出头鸟"而逃避问题，那他们会丢掉自己的灵魂，而且是一种浪费！

应该继续战斗下去，时刻记住爱因斯坦这个闪光的句子："有三个理想照亮了我的人生之路，让我不断地鼓足勇气，乐观地面对生活，那就是真、善、美。"

眩晕和怀疑

2007 年 11 月，欧盟邀请我去布鲁塞尔开会并讲话，会议主题是减少因水而起的冲突，他们告诉我，我的讲话时间只有几分钟，我听了非常震惊。一位联合国开发计划署的负责人私下里跟我说，我们在达尔富尔和乍得所做的努力让欧盟内部官员觉得很不舒服，因为在战区发现水源，会使冲突加剧……他说话时的镇定足以让我乱了阵脚，"他们认为你在这里是个危险人物"！我在达尔富尔看到的孩子的绝望眼神，和布鲁塞尔欧盟总部开着空调、消过毒的走廊里孩子们的眼神是不一样的。他们一定没见过一个人渴死是什么样子！

当天上午我就离开了这个烧钱的组织，它让我痛苦、尴尬，让我对我的事业性质产生了深深的质疑。是强烈的信仰一直推动着我朝前走，让我付出了那么多年的努力，不畏艰险，一直保持坚定的信念，而我却发现已经走到了悬崖边缘，下面就是万丈深渊。这些付出都是无用功，是害人的？

这些大型组织有权决定是否给我的项目拨款，那我必须认真考虑他们给我下的结论。我的工作到底有没有用？决定权一方面是在这些大型组织的手里，另一方面则是达尔富尔那些哀求我的眼睛里，那些绝望的人喝到我找到的水，因为我的工作而幸存。但不要忘记，有人想在事实面前闭上眼睛。

我完全理解，发现水源可能会让"接待国"的领导人难堪，但这却可以让难民占多数的当地人口定居下来，没有人想永远当难民。

我们从历史上可以看到，难民极少回归原来的国家。既然现状一定会长期持续，为什么不提前想好解决方案呢？苏丹的水井遭污染，茅屋被烧掉，所有的达尔富尔难民都告诉我，他们不会再把苏丹当成自己的国家；由于皮肤是黑色的，所以他们在那里遭受了粗暴对待和否定。还怎么回去呢？

在布鲁塞尔，欧盟也让我明白了一件事，人道主义机构很容易获得解决紧急问题的资金，或者帮助某地区发展的资金。谈希望和繁荣是没有"卖点"的，总之没有眼泪、流血、伤亡、饥饿和绝望的"卖点"多，所以如果要制作一个效果良好的广告，这些"卖点"是最基本的构成因素，这样才可以把捐助者的资金多吸出来一些。当然，这段话不具有普遍

110

意义，在我接触到的联合国每一个下属组织机构里面，都有灵魂纯洁的人，他们深知应该遵守的职业道德，完全献身于自己选择的事业。我和他们在一起工作感到荣幸，他们的工作成果可圈可点，但他们被周围厚颜无耻的"现实政治"包围了，只能时时留意、处处小心，才能保住他们的国际职业生涯。而那些不按国际组织路数出牌、拒绝打官腔的人，用不了多久就被踢出体制外或被流放到次要的岗位。

因为我过于天真，所以也特别沮丧。在无边的覆灭来临之时，我是什么？看到其他人类身心衰颓、受制于人的时候，我不愿意在旁边无能为力地站着，所以我发明了非常实用、精确度高的工具，可以马上解决他们的问题。

但是，没有经济来源，我无法长久地坚持下去。我没有其他财富，只能依靠矿物勘探和石油勘探咨询师的工作来养家糊口，照顾一直支持我的妻子和孩子，他们理应有一个房子为他们遮风避雨，孩子们理应继续他们的学业。我的选择已经做出，我放弃找水事业，它不能为我带来经济来源，否则家庭的灾难、经济灾难、财务灾难都要接踵而来。

穿越沙漠

为了让我的企业继续生存、让家庭生活继续维系下去，我接受了一项金矿测试勘探任务，地点在喀麦隆，赤道几内亚附近。

对这次勘探任务，我的热情很高，我知道在两亿年以前，南美洲和非洲两个板块还没有分开的时候，这个地区曾经和巴西的金矿大省伯南布哥相连。通过在卫星图像上分析地质分层，我发现喀麦隆洛洛多夫地区的基底结构一直延伸到巴西伯南布哥的金矿区。1755年11月1日，里斯本发生强烈地震，并引发了海啸，正是巴西富有的金矿大省伯南布哥当年资助了里斯本的重建。

通过推理，我知道我所研究的喀麦隆洛洛多夫地区也有同样的可见地层结构，而且极有可能有金矿。到达当地的第二天，我就去了最有可能存在金矿地层的区域，那是一座狭长的小山，上面覆盖着浓密的原始森林，就在离洛洛多夫最近的一条路线上。

司机把车停在了阴凉处，我们在那里静静等待。不到半个小时，一群俾格米人从森林里走出来，来到了我们停车的路边。我等的就是他们。我们走过去，和他们聊天，他们从袋子里拿出一小块金子，一个花生壳大小，问我买不买。

我向来把工作和私人购物分得很清，我问他们可不可以付一点钱，给这块漂亮的金子拍一张照片，他们同意了。我来此地的原因，就是找到这块金子的出处，就像一只经过专门训练的狗寻找松露一样。

和他们攀谈了很久，许诺付给他们很好的报酬，他们才同意第二天带我们去找到金子的地方。这样，通过在大西洋对岸获得的卫星图片,我在喀麦隆找到了尚未登记入册的俾格米人的金矿地点,是巴西伯南布哥省金矿地层的延伸。

他们在森林里开了一个简陋的金矿,用锹、鹤嘴镐、摇床格条、淘金盆,在一块冲击阶地里淘出金沙来。他们的木质摇床是把格条排列成台阶形状做成的,一小股水流穿过摇床,便能把金子颗粒和石英颗粒分开。有时候,一场雨之后,他们会在湍急的溪流里拣到几颗金块。这时,细雨穿过树木落下来,我们的衬衫都贴在了身上,不工作的人会感觉很冷,他们赶快拿起锹、桶淘金,让身上热起来。我们没有留在那里,确定了这个地点存在就够了,证明我的直觉是对的:这里和巴西伯南布哥金矿属于同一地层。

我们冒着雨往回赶。这片森林里是不是住着种类繁多的野生动物?这里是不是很危险?俾格米人跟我说他们碰到过很多次小象,它们攻击性特别强,由于森林里的可见度只有几米远,人类看见小象的时候已经躲不开了,小象就会攻击人类。不对,蛇类才是最危险的,它们懒洋洋地趴在地上,藏在枯叶下面,我们没有感到任何预兆就被它们咬一口。俾格米人的眼神很老练,而且身上秘密携带一块黑色的石头,这样即使中了蛇毒,也会安然无恙。我问他们这里最危险的是不是蛇,他们笑了,其实他们心里清楚,我们永远不知道危险会在哪里出现。

当时我正沉浸在思绪之中,脚下的土地突然下陷,一股强烈的电流穿过全身，那种感觉终生难忘，我的身体弹到了空中，眼球快被挤出了眼眶，心跳到了嗓子眼。我再落回地面上的时候，人已经昏厥了，骨盆骨折，头扎在泥里。我刚才掉进了一个羚羊陷阱里，股骨脱位。我好像快死了。

俾格米人向导救了我，把我一直拖到汽车里，当时我已经不太清醒了。原始森林与世隔绝，连镇痛药都没有，更不用说急救箱了。司机开车开了一天才把我送到营地，身上的疼痛已经很难忍受，更不用提路上车子的颠簸了，我一连疼了好几天。

到了营地，我已经不能走路了，晚上蚊虫叮咬，我想把蚊帐塞到褥子下面都不行，更不要说上厕所、冲澡了。身体全垮了，精神状态也跌到了最低谷。我必须从这里出去，但暂时还不能把真相告诉我的妻子。

俾格米人向导们看到我绝望的样子很是难过，非常尊敬地排着长队来我的茅屋下探望我，还用木条量我的身高尺寸，给我做了两条临时拐杖，虽然时间很仓促，但手艺真的不错，在一个没人住的茅屋里有一个破旧的沙发，他们从里面掏出了一些没有让白蚁咬坏的垫料固定在木头上方，下面则是用自行车轮胎剪的防滑垫。我相信他们还挺喜欢我的。也许他们也是心存歉意吧，把捕捉羚羊的通电陷阱挖在了人类经常路过的地方。

我的保险公司和雅温得总医院进行了艰难的协商，三天后，我终于登上飞机，被送回法国。

　　我永远忘不了，回家的时候内心的负罪感，一个星期之前健健康康地离开家，一个星期之后，救护车像运残障人士一样把我送回家，朋友们都来看我，看到我拄了一根充满异域风情的拐杖，流着眼泪大笑。医院给我安了一个人工髋骨，我对未来不抱太大希望了。从医院回来，我被长期强制卧床，合同和项目都丢了。最后我不得不卖掉第二套住宅，家庭别墅也抵押了出去——很快就到了破产的边缘，仿佛一下子跌进了地狱。

　　好在这次强制卧床的经历让我好好审视了一下我自己：我的性格孤僻，活到这把年岁，一直是独自向着目标奔跑。危机困顿中，是我自己孤军奋战，把含水层水源测定技术开发出来的。

　　但是，为了今后走得更远，我必须从孤独中走出来，和其他合作伙伴牵线搭桥、建立联盟，这样才能保证我从2002年以来一直开发的事业能得到长久的发展。在我失去一切的时候，做些什么才可以找到对项目感兴趣的人？好在我的妻子一直陪伴在我的左右，帮我把萎靡的精神从烂摊子里拉出来，跟我一起思考未来的出路，想方设法帮我从低谷中走出。2009年8月，我还在深渊里徘徊，联合国教科文组织喀土穆办事处给我打来电话，告诉我伊拉克库尔德地区又遭受了大旱。

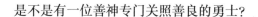
是不是有一位善神专门关照善良的勇士？

因口渴而引起的战争

2009 年 8 月 9 日，我上路去伊拉克。身体又有了力气，向前迈了重要的一步。我搭乘从法兰克福直达伊拉克库尔德自治区首府埃尔比勒的飞机，直接到达库尔德地区的中心地带，没有从教科文组织在约旦的后方基地中转，那里是联合国所有下属组织的办事处所在地。

飞机从土耳其上方飞过，飞在积着皑皑白雪的托罗斯山脉上方，在埃尔比勒降落的时候，风景叹为观止——美索不达米亚平原完全是另一番景象，蕴藏石油的背斜隆起排成一线，像发白的石灰石山，基尔库克就在其间。绵延的矮山攀上灰色、暗淡的平原，上面笼罩着一层沙灰薄雾，热风烤焦了所有的植被。底格里斯河慵懒的水流被上游的土耳其水坝堵截了一部分，只剩下数条蜿蜒的细流，艰难地向南开辟出通道，但其中的一部分已经干涸，剩下另一部分灌溉稀少的几处田地。在这片平原中央，终于出现了古城废墟堆成的埃尔比勒，好像被遗弃的沙滩上留下的一颗宝贵的珍珠。

埃尔比勒就是古时候的阿尔贝拉。我在阿尔贝拉平原上空飞过，这里就是公元前 331 年，亚历山大大帝对抗大流士三世步兵队伍和战象的地方，在这里亚历山大大帝向大流士三世发起最后决定性战役，最后亚历山大大帝赢得了胜利，打开了波斯和印度的大门。这座古城在一座圆形的小山上，小山高 30 多米，周围有一圈围墙，里面是埃尔比勒老城区，老城区极有可能是耶律哥时代建造的，距今大约有一万年了。这是古代世界最老的城邦之一。阿尔贝拉抵抗住了所有的围攻，因为地下有坎儿井，是秘密的地下运河，80 千米以外的扎格罗斯山脉的水，通过坎儿井流到埃尔比勒老城，而城墙外的敌人近在咫尺，却口渴而死。

美索不达米亚平原炎热无比，虽然巴比伦有喷泉和空中花园，但夏天还是无法居住，亚历山大大帝便在此地建了自己的夏宫。

这个地区在一个世纪多的时间里饱受战争和叛乱摧残，就像没有牛群和绿草的瑞士。

伊拉克库尔德自治区首府埃尔比勒，在伊朗和土耳其边境附近。我到达机场的时候，没有人接我，狼狈之下，我自己冲进热浪，钻进开往埃尔比勒城的机场班车。我也不知道在哪里过夜，但过海关的时候相当顺利，和在所有和平国家一样，说明我的处境很安全。

可才过 2 千米远，刚过真正的机场出口，我就明白这个国家真的处于战争之中了，所有车辆必须停下，按规定进行搜查，旁边是两辆装甲汽车，上面机枪竖立，神经紧张的军人已经做好了开枪的准备。

教科文组织项目负责人瓦思非·卡瓦西想进机场接我，

但没进去，只能在栅栏后面等我。他连声道歉，向我解释说情况很紧张：科学部负责人自己也没有能从联合国四周设防的营地中出来接我。天气干热得可怕——我们在太阳下聊了一会儿天，我的鞋底已经融化进路边的沥青里了！我赶快逃进他的车里，穿着军装的持枪佩什梅格[1]开着两辆装甲汽车，像守护天使一样，一直把我们护送到营地入口。

联合国营地四周围着很多混凝土块，一个一个连在一起，守护联合国营地的是美国海军部队官兵，来自斐济群岛如巨人般高大的士兵们，从头到脚刺满文身，负责在营地门口的安检工作，对我进行搜身，士兵中还有一位高大无比的女兵，也全身刺满文身，但实际上却像麦芽糖一样甜美……至少对我是这样的。

凯泽·沃尔瑟[2]是一位得克萨斯州人，在牛津攻读政治科学，非常热情地接待了我，三言两语便把眼前的形势解释得很清楚。

联合国工作人员都住在集装箱改装成的单独公寓里，在太阳无情地照射下，里面闷热难忍，我去的时候，已经没有空着的集装箱了，我又不是联合国的工作人员，所以他们安

---

[1] 佩什梅格又译为"自由斗士"，是伊拉克库尔德自治区的军队。（译者注）

[2] Casey Walther.

排我住在市区雅兹迪人开的宾馆里，这让我松了一口气，他们说会保证我的安全，但不知道他们如何保护我。

第二天，我们乘上装甲汽车从孔雀天使保护的宾馆出发，去水力资源部拜见部长塔信·卡迪尔·阿里，在场的还有二十多个人和媒体记者。

部长在电视媒体之前告诉我，在水利工程如坎儿井、地下水渠破坏以后，寻找水源是当务之急。

坎儿井是地下排水渠，坡度非常小，就像罗马的引水渠，把大山侧面的水引到其他地方去。这是借用重力的供水方法，历史已经近五千年，山里所有的村庄都可以用到水，不需要消耗任何能源。

乍得哈瓦什救援行动

2010 年 2 月 12 日，内政和公共安全部给乍得阿贝歇的难民署发送了一份紧急的无线电电报，向我们宣布在苏丹边境的乌雷·卡索尼难民营，开始对 5 万名难民采取救援行动，电报全文如下：

全国接待安置难民委员会

将乌雷·卡索尼难民营转移到哈瓦什地区。哈瓦什营地接待安置难民的准备工作，由政府和联合国难民署组织，安排技术团队继续进行阿姆扎拉斯①省的地质研究。为了营地新址转移成功，要大力动员传统行政管理机构和当地群众一起支持技术研究。

转眼到了乍得已经一个星期，第一次参加人道主义任务还是六年前，这次则是参加难民署新的难民营救计划。一位年轻、热情的难民署代表、瑞士人克里斯蒂安·纪尤②告诉我，乌雷·卡索尼难民营的危机已经持续了几个星期。

在普罗旺斯的办公室里，我在一个叫哈瓦什的营地附近重新界定出一个安全区来，在恩内迪区南方边界，沿着哈瓦什干河，那里可能蕴含大量的地下水，可供5万名难民使用。

当联合国的小飞机带着我到达伊里巴停机坪的时候，我差点没认出这个地方，也没看到机场当年的红土跑道。现在是一条一千米长的宽大沥青跑道，沿着跑道有一个几百人的军事基地，目前还在继续扩大。这个营地四周设防，有几十个房屋，外面围着壕沟，沟的上面用装满土的大袋子形成围墙，围着铁丝网，真可谓苏丹边境的一座碉堡，联合国中非

① Amdjarass.
② Christian Guillot.

共和国和乍得特派团 ① 的蓝盔军官们开着轰轰作响的装甲车、吉普车、吊车、卡车繁忙往来。

伊里巴村也变了，尽管街道上还是尘土飞扬，但已经成了一个繁荣的小镇，难民署的办公室就坐落在市中心高大的白色围墙、宽敞的蓝色大门后面。在巴基特·阿加尔苏丹管辖范围内驻扎的非政府组织，在他众多的花园里打了好些井，他好像也因此富裕了不少。他是这片领地的统治者，对管辖的庶民执法严明，虽然是和当地行政部门一起管理，但权力范围大大超出了瓦迪菲拉区警察局的行政范围，超出了伊里巴专区区长的权力范围。在此地，如果没有"苏丹"的许可，任何决定都不能生效。

他是精明的商人，通过收取水源使用费、土地使用费集聚财富，土地都是继承来的。2004 年大干旱期间，他从未屈服，尝试各种办法，终于取得了成功，不到四年，伊里巴已经有了自己的面包店和市场，市场上除了以前就有的大蒜、盐和过期的食品罐头，还可以找到很多其他东西。

机场跑道旁边不到 200 米处的那个军营，叫"谢拉 ② 营地"，克里斯蒂安·纪尤陪我过去的时候，向我介绍了这个地

---

① 法文全称 Mission des Nations unies en République centrafricaine et au Tchad，法文首字母缩略词 MINURCAT，以下简称特派团。

② Sierra.

区的安全情况。我们将住在营地内，而不是城市里，没有军队官兵的护送绝对不可以出营，得由乍得民兵组建的联合国编外保安支队①负责护送。这里距首都1000千米，远离人烟，尽管营地四周设防严密，但我们所活动的地带都是危险区，也很难分辨出叛军和正规军的不同，谁杀谁都行，所以我们离开营地的时候，一定要有配枪保安支队民兵车队的严密组织和保护。

万一发生人质事件，我们会受到优先救助，特别是我，成了重点保护对象，因为他们知道我是找水专家，2004年第一次水源寻找的成果也获得了认可。克里斯蒂安没有跟我多谈上次找水的事情，我自己收集了2008年联合国儿童基金会要我在苏丹找水的成功率数据，但2004年以来，难民署一直没有调查乍得方面钻井的成功数据。是他们工作不力，还是放任不管？我觉得是因为项目负责人调换频繁，没有人特别关心水的问题。

克里斯蒂安·纪尤一直陪我到了我的临时营房门口，是由集装箱改装的，配有空调，相比四年前在村子里我住的群虫乱舞的"白蚁窝"简直无法同日而语，他还发给我一周所需的战时定量食品——回到乍得享用到第一顿奢侈的美味。

---

① 编外保安支队，是联合国的乍得补充部队。

每晚六到八点，我还可以洗个澡：四年前我提出的钻井计划超过了我的预期！

匆匆了解这边的情况之后，我到了营地的总部，蒙古代表团正在等我们，特派团里这一队蒙古籍维和部队军人共18名，负责保护我的出行安全，和我一起去筹建中的哈瓦什干河难民营，地点是之前我通过卫星图像选定的。

第二天，我拿着我绘制的地图，沿着哈瓦什干河堤岸，给巴特尔司令介绍难民营未来的建立情况，他听得非常认真。他个头儿很高，身体结实，人很严肃，但笑起来很灿烂。他从塞拉利昂过来，在伊拉克也待过很长一段时间，所以特别冷静、专注，这是好兆头。他手下的人对他都非常尊敬，完全听从他的命令。他不愧是成吉思汗军队的后代，从行动上就能看出部落首领的气质，身处"魔窟"也从来没让手下的部队出过任何差错。

我们的行动区域在周边近150千米的范围内，连路都没有，但他没有详细的地图，只有我的手里有事先准备好的雷达图，精确度达到10米以内，这个地区布满了岩石、干河谷及灰尘和砂石混成的沙丘，一片混沌。

巴雅尔上校把自己的办公室留给我们，让我们根据我的雷达卫星图像图开始着手绘制本地区地图。巴特尔司令和他在巴特苏赫[1]难民营的助理英语说得非常好，我告诉他们我在恩内迪的原始砂岩层里发现了很大的含水层，这个地区在地图上叫哈瓦什，那里有一个哈瓦什干谷，还有散布的水源供给整个地区饮用，将来乌雷·卡索尼难民营搬到新水源附近，就改名为哈瓦什难民营。

司令的手指在地图上游走，新营在乌雷·卡索尼难民营西北 140 千米的地方，离伊里巴 110 千米，这么远的距离，没有小道，也没有公路，军方的装甲车和钻井队的卡车到那里无异于远征。但我感觉到这还不算什么，好像有更大的障碍，我看到巴特尔司令的脸色阴沉下来，摩挲着额头，问我新营具体地点在哪里？是哈瓦什干河的右岸还是左岸？确实是在那里建立新营吗？是的，就是那里，就在恩内迪区南部边缘。

他听到这句话，转身看着我，告诉我这是雷区；他停了一下，又说道，这一区域也不在特派团活动范围内，他们只能到达瓦达伊区的边上，绝对不可以多走一步。我一下子惊呆了。瓦达伊区没有水，必须沿着哈瓦什干河逆流北上才能找到水，我们的目标很清晰，水就在恩内迪区，无论有没有地雷都要去。

---

[1] Batsukh.

怎么办？我不能在没有保护措施的情况下自己去，这里危险重重，我们要竭尽所有努力花几个星期时间才能完成任务。他把电话递给我，让我给恩贾梅纳的难民署代表打电话，他们再给阿贝歇基地打电话，阿贝歇基地再给恩贾梅纳的特派团司令打电话，然后特派团司令再给谢拉营地的蒙古维和司令打电话。

打了一连串电话之后，终于在下午要结束的时候做出了决定——我要和克里斯蒂安·纪尤，还有另外一名难民署高级代表，去恩内迪首府法达，拜见大区区长艾哈迈德·达第[①]，请求批准进入他的领土，获得他的保护。恩内迪首府法达是一片非常遥远的棕榈林，周围是砂岩峭壁，大区区长就住在棕榈林里。这一行政首府到伊里巴的直线距离是 250 千米，开汽车需要三天时间，如果乘坐 Caravane 单引擎飞机则需要两个小时，这种小飞机是南非生产的，受到联合国的高度赞赏，适合短程、降落地点不安全的飞行。

第二天早上十点左右，太阳烤着大地，天空上没有一粒灰尘，我们从伊里巴起飞，飞过谢拉营地，飞过散落着绿色斑点的小村庄——那是苏丹灌溉充足的花园，沿着阿波索努特干河[②]往北飞。

---

① Ahmad Dady.

② Wadi absonout.

我们在海拔不到2000米的高度向北盘旋，起飞三刻钟之后，我们飞到了哈瓦什干河干燥的河床上方，哈瓦什干河向东延伸，是一片嶙峋的花岗岩地区，向西则消失在一片几亿年前形成的原始砂岩里。接着，飞机下方出现了一片一望无边的砂岩柱，就像底比斯埃及神庙的柱子，砂岩柱下面是无边无际的黄沙，闪着金光，在砂岩柱的脚下流淌。

干河的遗迹告诉人们，就在几千年以前，这片谜一般的土地上还迸发过水和生命。这些砂岩峭壁的侧面，大量刻画了当时的情景，沙风飞舞的时候，刮刀、两面石器、燧石就会显露出来。从这片无垠的土地上飞过，感觉宛如神话般神奇，像在时光里探险，只要是能读懂符号的旅人，便可以自由翻看。这本书在我眼前翻过，让我忘记了时间的流淌，飞机已经到达，脚下无涯的峭壁呼唤我奔向新的冒险。

出机舱的时候正是中午时分，风一下子包裹住我们的身体，干燥的风可以把人点燃，要用力踩住地面，才不会被混着沙子的狂风吹倒在地。大区政府的一辆小卡车来接我们，区长正在区长宫等我们。见面时间很短，但卓有成效。大家有的坐着，有的跪着，都伏在我绘制的地图上仔细看着。我在旁边给他们讲解：这里，我们可能会找到重要的含水层；那里，应该可以取代乌雷·卡索尼难民营，重新安置五万名苏丹难民；那边，可以建设新的公路，这样这一地区就会四通八达，水一旦从井里溢出，就可以发展农业。最后，我下

126

的结论是，我们应该在恩内迪全境范围内开展水源研究，这一地区的深水层水量可能非常丰沛，前景可观。我们匆匆结束了讨论，卷着沙子的风在房顶呼号，再过一会儿飞机可能就没法起飞了。

艾哈迈德区长非常赞赏我们的计划，向我们许诺一定把事情做圆满，他会把同意的指令传达给阿贝歇，让我们在恩内迪按照意愿达成计划。我们回去的时候，匍匐前进，飞机跑道上覆盖了一层沙雾，我们必须得在大风暴到来之前"逃走"，Caravane 飞机特别轻，随时可能会被风暴掀翻在地。

我们系好安全带的同时，飞机好像一片羽毛似的，被风平地拔起，好在最后还是平安到达了安全高度。这次拜访像闪电一样短暂，我们解决了第一个遇到的问题，但这绝不是最后一个。

在此期间，在伊里巴谢拉营地总部，巴特尔司令已经做好去哈瓦什干河的勘察准备。除了蒙古小分队的 17 名士兵全部出动之外，司令还准备了一辆装甲输送车①，车上配有武器、弹药和一门炮保证安全；一辆卡玛斯卡车，运送将来营地所需后勤用品：帐篷、行军床、铁丝网的铁丝、MRE 野战口粮②；还有五辆吉普车供士兵乘坐。他从伊里巴南部 80

---

① 装甲输送车是一种装甲军事用车，用于运输和保护地面部队。

② Meals Ready-to-Eat.

千米以外的盖雷达① 另叫了一个车队，包括一辆勘探卡车和其他后勤组成要素——水罐车、钻井队、燃料、营地住宿用品，等等。

两天以后，趁着泛鱼肚白的黎明时分，大队人马摇摇晃晃地缓慢上路了。车辆一个接一个通过营地的警示杆，由于这个区域还没有人开车横穿过，所以哨所队长挨个儿叮嘱每辆车需要遵守安全注意事项。一辆编外保安支队的卡车开路，里面的乍得民兵说，他们知道通往哈瓦什干河岸边目的地的所有小路，不知是真是假。营地和目的地之间的直线距离有100千米，要穿过花岗岩和沙丘杂乱无章的混合地带。

我们穿过伊里巴村，村里的人们还在沉睡，只有饿醒的狗在慵懒地横穿灰尘飞扬的小路，看到我们的车队过来才吓得赶快逃跑。出了村子，车队沿着小路向西北方向开，那边有第一个小村庄——乌尔巴② 村，就在科尔努瓦③ 盆地的山坡上，全村只有几口井，供一百多头骆驼饮水。

我们的纵队在牲畜群中开出一条通道，前面就是无垠的沙漠了。在距离努纳④ 村30千米的地方，路突然消失。一片

---

① Guéréda.

② Ourba.

③ Kornoy.

④ Nouna.

128　　大块的花岗岩出现在眼前，零碎的花岗岩碎块落到了旁边的峡谷里。我们绕过花岗岩"路障"，又碰到一丛杂生的岩壁群，车队里有体积庞大的装甲输送车，履带粗重，无法前行通过狭窄的小路，非常容易发生危险。整个纵队停在编外保安支队的卡车后面。大家都紧张起来——这么长的队伍停下来不动，很容易成为叛军的猎物，他们对地形真是再熟悉不过了。编外保安支队的士兵吵得不可开交，胳膊挥舞不停，一会儿向左，一会儿向右，声音也越来越大。他们不知道该往哪儿走，向东还是向西。他们迷路了，但他们是不会承认的。

　　我把导航仪器拿出来，现在我不用担心他们的反对，可以带着威信引导纵队前行了。他们丢了颜面，不再声张，算是默认了吧。其实我早已用雷达图像仔细研究了这个地区的每个细节，把雷达图像导入全球定位系统，现场精确度可以达到 10 米以内。我和巴特尔司令快速商量之后，决定开着他的白色吉普车到车队的最前面，带领整个纵队前进，车里还有他另外两名巴特苏赫难民营、阿尤尔扎纳难民营的助理，但他们只带了自己的冲锋枪。为了让装甲车顺利前行，我们商量应该在沙地走，避开岩石地带。我绘制的地图非常清楚地显示出一连串干涸峡谷，我们可以从那里穿过，在入夜之前，也就是晚上六点之前，到达营地新址。倒计时开始。

　　我们需要在乱石岗里找到哈瓦什盆地里这一连串干涸峡谷的入口。由于我绘制的地图精准度非常高，地上丢根针也可以找到，不到十分钟，我们就安全地行驶到了沙地上，沙地两边的花岗岩组成了两堵高墙，我们在里面可以享受到阴凉。现在不是雨季，也没有被干河大浪冲走的危险。但无论如何，我们要快速前进，以免遭到埋伏——这毕竟是一条羊肠小道，我们在里面很容易受到攻击，好在目前平原上的人看不到我们。要是我们渴了，还可以取到饮用水：我绘制的地图非常清楚地显示，这一带地下五米以内到处都是水。这个地区地面上四通八达的干河网络，是附近游牧人民手上的生命线——水量相当可观。

　　不到一个小时，我们就到了乌尔巴水井区，当地人也称之为"两百头骆驼的水井区"，这里的花岗岩断裂缝隙里有好几口井，一看就知道是用手挖出来的，这证明我们通过卫星观测到的结果是准确的。有很多牲畜过来喝水，通常是一些妇女带着绳子和桶，把水打上来，给山羊和骆驼轮番饮水。

　　快到下午三点的时候，我们到了都鲁巴①水井区，这个水井区在一片和哈瓦什干河盆地侧坡相连的平原上，我们进到

---

① Dourouba.

了一片沙子和沙丘区里面，横七竖八的小河沟河床很陡，拉慢了我们前进的速度。我们的重型装甲输送车突然陷入了几近干枯的河流软泥中，整个车队都没法前进了，四周只有一些矮小稀疏的刺槐，没有任何屏障保护。

几辆卡车开到装甲车的前面，我们用绳子把装甲车系在卡车后面拉，整个过程用了一个小时，才把装甲车拉出来，装甲车的车轴也损坏了。太阳要落山的时候，我们到达了预定地点。那是一座覆盖着石头的小山，俯视着哈瓦什干河的河道，山本身很普通，唯一的好处是山上没有任何植被，山上有一片非常平稳、空旷的场地，过些日子直升机来执行运输任务的时候，这个地方很容易防御。

"我们不想让外国人来到我们的土地上，也不要他们的水。"

特派团队营地半个小时就搭建好了，由蒙古分队全权负责，他们不慌不忙，早已成竹在胸，每个人都知道应该做什么。帆布、绳索、金属管组装在一起，就组成了一个大帐篷。成捆的带刺铁丝打开之后，按照严格的布局围出营地的边缘框架，四个角的每一个角上都支了一架机关枪，士兵马上伏在地上严阵以待，夜哨就位。

营地的一个小组用粗重的挖砂锹，把绿色方形帆布袋里填满砂石，用钢筋加固，码在铁丝网防线边缘——蒙古分队建筑的壁垒十分坚固，用来抵抗子弹和炸弹的袭击，接下来的日子，我们就靠这个壁垒保证我们的安全，抵御外部进攻。发动机开始运行，在营地四周部署了一圈探照灯，容易看到接近营地的人，他们娴熟的动作像一场有条不紊的芭蕾舞表演，环环相扣，没有冷场和即兴发挥。

一位哨兵发现，探照强光照不到的地方，有些鬼鬼祟祟的身影在移动。看来已经有人发现我们在此安营扎寨，派人来监视我们了。是谁在对面暗中观察我们？我们做好了准备，应对一切袭击。

晚上八点左右，一队村民来拜访我们，他们在很远的地方就和我们喊话，队伍里唯一一名会说阿拉伯语的军官叫本·尤赛夫·玛姆杜，是比塞大突尼斯海军基地的轻巡航舰舰长，他这次在蓝盔部队里担任联合国观察员和翻译。

我没想到，在这样恶劣的生存环境里，还会有村庄存在。这个村子叫瓦舍克，村长看到外国人没有经过他的允许，擅自在他管理的地界安营扎寨，非常气愤，过来和我们表达不满。我们没有让他们进到营地里面，只是在探照灯区和他们谈话。克里斯蒂安·纪尤没在这里，他留在了伊里巴，负责我们和阿贝歇的沟通联系，他应该已经正式通知了伊里巴大区区长和小庄苏丹巴基特·阿加尔，否则我们不可能来这里安营扎寨。

我们跟他们耐心解释，但作用不大，他们嗓门高了起来。很多影子围着营地跑了起来，探照灯根本照不到他们。巴特尔司令下令士兵马上持械就位。枪栓咔嚓一声拉开了，枪口对准了村长，村长明白力量对比太悬殊了，就答应我们提出的条件，明天早上九点之前过来，天亮的时候再谈。

夜里很安静，没有风，我躺在露天的行军床上，累成了一摊泥，装甲车的侧面保护着我，感觉像一头小犀牛缩成一团，躺在母亲旁边。我接下来如何在这样针锋相对的环境中工作？我们是不是走错路了？

黎明时分，露水覆盖了所有的车辆，天很冷，无风的天空中是一片柔和明亮的淡紫色。远处，哈瓦什河的细流暂时干涸了，伸向无边的天际。史前时期，这条河流水流量应该是很大的，我相信我们一定可以碰到好几个古代人类的居住遗址。太阳很快就升上了天空，这片高地上一棵树也没有，整个白天都要和阳光的暴晒抗衡了。

9点钟左右，蒙古保安发出警报，他们在装甲车上，可以看到整个营地的情况——来了一群人，要进入营地。我们拒绝了他们的要求，走出围墙几米的地方，在士兵的保护下和他们谈判。

大家围坐在地上开始交谈，村民的开场白充满了火药味，我们静静地听着突尼斯舰长玛姆杜的翻译，他们不想在这里见到外国人，我们对他们的村子是个威胁。他们不想接受我们的帮助，他们受够了。上校跟他们解释说，我们来这里是征求过他们的政府同意的，寻找水源是为了给许多苏丹难民建营地，这样难民就可以安顿在哈瓦什河边了。

我们提出，为了感谢他们的帮助，给他们打几口水井，在他们村子和伊里巴之间建一条新路，车辆可以在上面行驶，给他们的孩子建一所学校，创建一个医疗机构，为他们的妻子开设一个蔬菜种植的农业项目，这样就可以自给自足，为家庭提供食物。但无论我们提出什么条件，他们的眼神都无动于衷，牙关紧咬。

他们的答复非常坚定，完全没有回旋的余地："我们不想在这片土地上看到外国人。你们的水、学校、医院，我们都不要！至于我们的妻子，那是我们的事情，她们的命运跟你们没有关系！这是我们的土地，不是你们的！从这里走开！"这期间，好几辆卡车远远地停了下来，车上的人穿着白色长袍，斜挎武器，他们是从好几个地方会合在一起的民兵，来自提贝斯提区、恩内迪区、博尔库区和达尔富尔区。

其中一个首领迈着自信的脚步向我们缓慢走来。蒙古士兵在营地里摆好枪械，准备应战。第二个首领也静静地走过来，然后第三个首领从沙丘后面隐藏的一队卡车里走出来。他们三个手里都拿着一部舒拉亚卫星电话，这款卫星电话特别受战争首领的青睐，但看起来，他们都没有拿枪。

我们跟他们说，我们不是自己要来此地的，是政府命令我们来的，我们有明确的任务——钻井勘探，然后就离开这里。

他们以为我们来这里是跟他们抢夺地盘的！这里没有一寸肥沃的土地！除了哈瓦什干河底的冲击层，这里只有一眼望不到边的石头山！那几群在此地走过的牲畜，肚子都是瘪的，费很大力气才能找到一点发咸的水。他们在那里给我们一顿痛骂，我在心里偷偷地笑了。如果他们看到法国的河流，诺曼底广袤的牧场，阿尔卑斯山的大森林，他们就会明白我们来此地只是为了尽一份责任，而不是因为贪婪。我问自己，来这里到底是为了什么，面对这么多敌意，我怎么在哈瓦什河岸边勘探。

突然，巴特尔司令起身查看恩贾梅纳发来的一条无线电信息。巴雅尔·劳穆斯古伊上校和特派团的上校，共同发来信息，告知伊德里斯·代比总统已经派哈瓦什干河省的省长伊萨卡·哈萨那·约谷依①，特地从阿姆扎拉斯赶来，由卡罗阿②大区区长提札尼③陪同，他们乘坐的直升机随时可能到达。他们大费周章，就是为了来帮助我们。他们要求我们马上通知本地居民，马上召开紧急会议。

这个消息出人意料，大家激动起来，村民们好像松了一口气，把叛军给他们的压力排解掉了；叛军听了，露出很轻

---

① Issaaka Hassan Jogoï.

② Karoa.

③ Tidjani.

蔑的表情，但力量对比悬殊，只能顺从，他们转身坚定地走向沙丘后面停着的卡车队。今天的谈话就到这里结束了，隐蔽在营地铁丝网后面的蒙古士兵也放下了武器。

在等待省长代表团到来之前，我们给来谈话的每位村民发了几瓶水，并决定从他们手里用金价买了两头绵羊，大家一起吃了一顿烧烤：这个外交行动把气氛缓和了，大家的面容放松下来，嘴也不再合得那么紧了。蒙古分队的士兵拿出了他们的野外金属炊具，是烧柴油的。在非洲会经常看到人们烤羊肉的方式，是把羊放在瓦楞铁皮上，铁皮下面点燃轮胎当燃料，那样更好吃！

我们清理出一块场地，供直升机起降，离我们营地不到二百米远，这样灰尘就不会飞得满营地都是，也在营地枪支的射程之内，对想要攻击代表团的人也可以起到威慑作用。士兵们在直升机起降场地上撒满了石子，用白色油漆写了一个大大的 H[1]。行军床快速折起，大帐篷马上换了样子，成了一个有椅子、有照明设备的会议中心。我们可以像模像样地迎接我们的客人了。

天上传来了两架直升机的轰鸣声，他们依次下降到降落场地上，吹起一片石子和灰尘。省长伊萨卡·哈萨那·约谷依

---

① 英文、法文中"直升机"的首字母。

和大区区长提札尼，在哈瓦什干河省武警上校的陪同下，非常郑重地朝营地走来，紧跟其后的是克里斯蒂安·纪尤带领的联合国难民署代表团，他们刚从巴基斯坦军队的直升机里走出来。

叛军和他们的卡车悄悄地从沙丘后面消失了。帐篷里的村民终于明白，这次动用政治力量就是为了给我们在这里工作撑腰的。

伊萨卡·哈萨那·约谷依省长是阿姆扎拉斯省人，在多伦多接受法学教育，但保留了从武士部落那里继承而来的权威感。在与会人员面前，他介绍我是找水人，"如果有人胆敢碰我一根头发"，会看到他怎么处理这个人。大区区长提札尼和武警上校两个人把这句话都重复了一遍，而且表情没有开玩笑的样子，所以大家都开始严肃对待这件事情了。我们在一张大桌子上把地图打开，我详细介绍了我们想做的事。

我们的工作地点恰好在三区交界的地方，分别是哈瓦什干河省、瓦迪菲拉省和恩内迪省，因此，我们申请并获得了三张许可：伊萨卡·哈萨那·约谷依省长开出的哈瓦什干河省勘探许可，巴基特·阿加尔苏丹开出的瓦迪菲拉省勘探许可，还有艾哈迈德·达第省长在我们专门去法达拜访的时候开具的恩内迪省勘探许可。所以在法律上，我们已经有了作业的许可，但巴特尔司令今天早上通过无线电收到确认信——特派团不允许蒙古分队扩大在恩内迪的保卫范围。但我已经通过研究知道，正是这个区域含水层的潜在含水量最高，这才能保证乌雷·卡索尼难民营搬过来之后有水喝。

我吃惊地发现所有的外交努力都已付诸东流。帐篷里的温度超过了 45℃，我已经窒息了，但帐篷外面更热。

省长要求我把勘探作业重心转移到瓦迪菲拉省，沿着哈瓦什河沿岸，帮助瓦舍克村的村民在他们村里挖一口井。可是我发现地图显示，瓦舍克村一带的含水层水量特别有限，失败的可能性极高，而在政治环境如此紧张的背景下，失败的代价太高了，我们不可以失败。但省长还是坚持让我这样做。

我的主要目标是在恩内迪重新安置五万难民，这下怎么办？舰长玛姆杜给我提供了一个非常奇怪的答复，他提出不持枪械跟随我去钻井，让冈苏赫难民营的助理也一同前往，这位助理也是联合国的不持枪军事观察员。有权持枪保护我的只有编外保安支队的乍得民兵，我对他们的信任度十分有限……另外，如果和叛军发生冲突，或者和可怕的牧民战士戈拉那发生冲突的情况下，联合国观察员有什么作用呢？他们给我的答案既清晰又简洁：如果发生绑架，他们就是目击证人，要把整个事件详尽报告给联合国总部。这太让人放心了吧！

那么，虽然这 17 名蒙古士兵组成的小分队装备精良，但只能在河南岸保护我，如果叛军捉我当人质，带到北岸去，那蒙古分队就无能为力了。我像一个热山芋，在编外保安支队乍得民兵的手里扔来扔去，而特派团完全没有办法行使他们的责任。日内瓦难民署有没有提前妥善安排我参与的救援任务呢？

我的怒火强压了两天时间，让钻井队给瓦舍克村钻了两口干井（和我之前说的一样）。这个失败太直白、太明显了，我又往西边——哈瓦什河靠北的岸边继续钻探，后面跟着两个不持枪的观察员。因为不能把他们当保镖使用，我就把他们当成我的学生，给他们上一节即兴发挥的地质课，我名义上的保镖尤素夫·达库尔·察陀罗姆用非常迷惑的眼神看着我。

我们闯入了一片绝美的风景之中，混杂着砂岩和粉色、灰色的大块花岗岩，两旁偶尔有史前遗址和建得很精巧的石屋地基遗迹。几千年以前，在哈瓦什河边，整个文明都生机盎然，繁荣兴盛；而今天，河流却消失在沙子里面。但所有线索表明，就在几十米的地下，留存了容量可观的地下水。

察陀罗姆的车在我们的车后方行驶，我的车上放着一套测量工具：一个地面雷达仪器，包括一根两米长的天线、一个发射接收盒、一根连接天线和发射接收盒的电缆，连起来有些像一副滑雪板！我停下车，打算把工具拿出来进行测量。这时，贴身保镖察陀罗姆从后面的车里冲出来，拦住我，不让我把仪器从车里拿出来。

这次可太过分了，他们不仅没有给我安排合理的配枪保护措施，而且还不让我工作！原来，他刚刚看到了一伙戈拉那牧民从不远处经过，他害怕得汗都流下来了，觉得我们已经进入了敌区。好吧，那他到底有什么用呢？我们俩大吵了起来。

我把地质物理仪器从车里拿出来，这是原则问题，这是我的工作，而他却抱怨我，说我的行为是对他的主管不负责，我告诉他，这些事情跟我无关，我找水也不是为我自己，而是为他的国家。我提醒他，他的任务是保护我的安全，在需要的时候，和他的三位同事一起保护我。我问他，是不是比我还害怕，他脸色阴沉下来，敷衍过去，不想丢面子。

再有不到三个小时，太阳就要落山，应该准备回营地了。但还有最后一个关于雷达图像的问题需要确认：地图上显示，这片和火星①一样干燥的地区，有一个湿度很高的斑点，就在偏离回程路线只有几千米的地方。我们到达那里的时候，周围飘着沙雾，太阳特别耀眼，我看到了几百头骆驼和绵羊排成一排，和《一千零一夜》里描述的那样，逆着光线好像皮影戏，它们站在一片碎岩石山丘上——那里有一口井。

"戈拉那！戈拉那！"我们的带枪护卫天使大喊道。我们

---

① 火星是沙漠行星，地表为沙丘，砾石遍布，没有稳定的液态水体。（译者注）

的车开到近前，发现他们确实是戈拉那，但全是小女孩，旁边的老汉待在她们周围。其中有一个女孩，非常自豪地坐在骆驼上，她手拉一根长绳，绳子的另一端是装水的羊皮袋，她来来回回地把羊皮袋从 50 多米深的井里拉出来。她告诉我们，她从天一亮就开始工作，我们看到风已经把她的嘴唇吹得干裂。

她在牲畜上坐得很稳，虽然身材纤弱，但眼神里充满了自豪，头抬得高高的。她看到我们从远处过来，就告诉我们，是她在给这么一大群牲畜打水喝。她有多大？顶多十到十二岁吧，反正刚刚进入青春期，还没有戴面纱。老汉们把羊皮袋里的水平均分配，倒在饮水槽里，这些饮水槽砌得很简单，直接在地上挖出沟，砌上水泥。其他的小女孩则把羊集中在一边，把骆驼集中在另一边，让它们按顺序饮水。

是谁有这么好的主意，在这里钻一口井呢？这可以上溯到 20 世纪 50 年代，是殖民政府时期的事情，这口井看起来还不错。那么我的地图上显示的湿度斑点是对的，在这块石质山地的下方，还蕴藏着大量储备水源，可以解决难民迁徙途中的饮水问题。当然，这不是为了打扰当地部落日常生活，虽然他们的生活不稳定，但我们无权打扰他们。我们应该做的是更长远的打算。

井边老汉声色俱厉地命令我们离开此地，察陀罗姆赶紧像兔子看到老鹰影子一样慌张地逃走了。

　　我继续考虑脑海中浮现的问题：这些小女孩会有一天入学读书吗？她们将来会看书写字吗？她们会一辈子拉着一条绳子度日，还是有别的命运等待着她们？也许会像奴隶一样度过一生，在这片无垠的土地上幻想着有一天会得到自由……但这自由多么有限啊。

第8章
水和人类社会的未来在哪里？

水应不应该上市？

雀巢公司总裁包必达最近说了一句话，震惊世人："喝水不属于人的基本权利。"

关于这个看法，有两种极端的观点。

持第一种观点的代表是非政府组织，他们认为，可饮用水是人类的基本权利，应该免费享用。这种观点是从伦理角度出发的，在我看来未免幼稚，这些人未经过深思熟虑，简直是不负责任。过去，所有人类免费享用可饮用水；而现在，可饮用水已经变为一种奢侈品，何其不幸。

另一种观点则认为，水也是一种资源，水源开采需要注入投资，从这个角度看，水确实应该有它的市场价格。那么，问题就出来了：全体人类饮水付费是否具有正当性。

毫无疑问，一定要把地面水、深层水、饮用水、非饮用水全部考虑在内，才能深入思考这场辩论。

对个人取用江河湖泊里面的水进行管理和规定，没有任何意义，如果里面的水是非饮用水，那就更加没有必要了。

应该极其严肃、明确考虑的是工业、农业开发过程中的大量用水问题，他们免费取用水层，对生态系统产生长期影响的风险很大。这样定出的价格便是对生态环境有意义的，同时，我们也要考虑水体污染以及向江河湖泊排放废水的问题。

另外，对收取用水、排水、污染等的相关费用之前，应该在水的公平量化问题上达成一致。

联合国经济和社会事务部也已确认，地球上可供使用的水及其价格已经越来越引起政治、经济领域人士的关注。人口数量激增和收入水平增长，使人们需要更多的食品、商品、能源和环境服务，人们对水的需求增大，对污水排放与处理的需求也随之增长。

水的价值表现在诸多方面，包括社会价值、文化价值、环境价值和经济价值。在正在经历危机的国家中，几股力量不停息的纷争笼罩整个国土，人们对水的价值产生怀疑。那么，为了达到公平、有效、持久的水资源管理，就要在制定与水相关的政策和规划时，考虑到以上四个价值。

另外，地面水正在迅速枯竭，这对深层地下水的影响巨大，直接威胁到深层水的重新蓄水问题。无论具体情况如何，

144　取用水源都需要通过集中管理进行控制，而且要获得消费者的认同才可以。

　　直接从深水层里生产出可饮用水的技术开发和维护成本高昂，例如，利比亚目前处于无政府状态，卡扎菲时期修建的大型人工河前途堪忧。这个项目的大型露天储水池的保养维护，数以千计的水泵深入到地下3000米的深度，这两项工程需要投入巨额成本，需要长期集中监控，每分每秒都不能停止；另外，地下输水管道长达4000千米，沿线漏水地段也需要维修。由于缺少经济投入，而水泵维修消耗大量能源，同时与水泵维修相关的数个部门垮台，所以这项工程现在可能已经停用。大型人工河沿线城市正在一个接一个陷落，重新陷入干旱之中，只能自生自灭。自2014年底开始，的黎波里断水事故发生得越来越频繁。如果输水管道长期得不到维修，那么很快整个沿线的管道就会发生损坏，无法修复，那么好几年的石油生产所得就这样损失掉了。这些利比亚大城市目前只是短期受到水源缺乏的制约，那它们的未来会怎样？对人们争取国家美好未来的奋斗会有何影响？

　　无论在哪里，输水工程都理应长期存在，并且要保证能获得经济回报。由于此类工程通常用于畜牧、农业和可消费的工业产品，所以售价可以按消费水量的立方米计算，这样可以降低成本。

　　而人道主义紧急行动中的钻探深层水井问题则复杂得

多。虽然水让幸存者和他们的牲畜活命，但不可能让他们支付水费。一定要等待紧急事件结束以后，难民生活进入正常的经济发展阶段，才可以向他们提出按立方米收取用水费用的建议。

饮用水是有价格的，这个理念要获得人们的广泛接受。如果否认这个理念，那就没法进行投资；从长远来讲，人类也就没有办法获得持久的解决方案，转而深陷缺水的泥潭。如果不为水源的使用定价，那么就会产生可怕的水源非法交易，在水源生产区，民兵会私占水源，独霸水源管理权，最终引发致命冲突。2005 年和 2006 年，我参加了联合国教科文组织和美国国务院（美国国际开发署）在达尔富尔的行动，要遏制这样的事情发生。我们不允许水源问题让人们付出血的代价，成为掠夺可灌溉土地的导火索。

今天，大型水分销商在做什么？目前，他们还完全不知道有哪些新的深层地下水源出现，业务范围还仅限于对配送给他们的水进行处理，然后再把水重新分配到千家万户的水龙头里，或者以单瓶包装的形式销售给消费者。他们目前的盈利模式仍然过于简单。

罗马水渠是通过重力原理把山泉水免费运送到城市里，这种方式至少持续了一千年，虽然偶尔有野蛮人的入侵，但并没有中断水渠的使用。直到中世纪时，千年积累的水垢终于把加尔桥上的高架渠堵塞，于泽斯的水才再也到不了尼姆，

146

而这，远在罗马帝国衰落之后！可我们不要忘记，这水的代价都蕴含在赋税里和奴隶们的血汗之中。

阴谋

2015 年 2 月 17 日，肯尼亚北部劳提基皮。这片广袤的沙漠平原中心地带叫作纳新约诺[1]，我正在此地勘探钻井。当时刚刚在 120 米深的地方探测到水，和我们 2013 年绘制地图的预测结果正好吻合。这是最新一代钻井，配有太阳能光板，由总部位于马德里的西班牙石油公司建成。

这些石油公司和当地政府达成救助契约，他们刚刚为图尔卡纳牧民成功挖掘了 3 口超过 90 米深的水井，地点分别在纳纳姆[2]、阿塔罗姆利亚[3]、奈莫特[4]。

2014 年 11 月初，西班牙石油公司的勘探地球物理学部负责人李·安德森[5]和他的助理伊莎贝尔，专程来到我在塔拉斯孔的办公室交流研究信息，商谈未来合作的可能性——与水源探测仪的发明者和石油公司会面，这是我梦寐已久的

---

[1] Nasinyono.

[2] Nanam.

[3] Atalomuria.

[4] Naimote.

[5] Lee Anderson.

场景。

他们在当地的勘探任务非常成功。劳提基皮平原上从此有了源源不断的淡水，太阳能光板可以保证为图尔卡纳的人们和他们的牲畜免费供水。

2013年7月，我发现这片巨型含水层的时候，他们是第一批把我之前的梦想化为现实的工业家。我梦想着在每一口井周围创建富饶的"小岛"，它们之间要离得足够远，避免不同部落之间发生冲突。这样，这片经常发生冲突的土地，就会因为富足和繁荣而获得和平。我经常用一个短小精悍的句子来表达我的信念："水少，就会引发战争；水多，就会带来和平。"大量人口带着他们的牲畜，涌向大平原的新井周围；过去，这片土地荒凉贫瘠，2011年发生的那场旱灾中，渴死了几十万牲畜、几千个居民。那时我还在巴格达的战火中，为非洲之角策划紧急救援计划。

图尔卡纳人民一直在寻找水源，他们被逼无奈才会选择流浪，其实他们非常愿意在为数不多的井边定居下来。几根多刺灌木围成的小菜园里，花朵开始绽放，想要改善家庭生活、部落生活的人们很快拿出定居的实际行动来了。

能源、水、土壤、安全——人们以前无法想象到手中会有这四张最好的牌，有一天能帮助地球最贫瘠土地上的人们，让他们从干旱和贫穷中逃出，在和平中发展。

洛德瓦尔也是这样，农业的繁荣正在兴起，那里以前经

148　历了多少个世纪的痛苦、贫困，现在，终于每个家庭都可以让他们的牲畜饮水，自家的小块土地上也长出了高粱、洋葱、辣椒、西红柿。

二月的夜晚依然寒冷，天空明净。一缕干燥的风飘来，像轻柔的耳语，在钻井桅杆四周宁静的平原上飞舞，桅杆好似广袤空旷的风景中竖起的高大白蚁窝，一只羚羊照例每晚来水塘边饮水，这水塘里的水每天流入钻井的泥浆池，羚羊看到钻探点的探照灯，便被吸引过来。哪怕听到一丁点儿声响，它也会跑掉，之后再胆怯地返回。它害怕了，不过水还在那里，它总会回来。

突然，夜色的黑暗中亮起了车灯，远远的，那是一辆卡车，车灯穿透黑暗，卡车轰鸣着朝纳新约诺方向直开过来。按理说，没有预先提出申请，任何人不准进入西班牙石油公司的租借区，我们也确实没有接到任何通知。也许是某位政府官员来访？可他为什么在夜里过来？大家不知道怎么回事，持枪保卫们商量了对策，在营地边上就位，他们知道，南苏丹叛军离此地不远。

等了一个小时，一辆勘探卡车终于停在了距离纳新约诺钻井旁边两百米远的地方。营地的几位负责人和卡车司机发生了激烈地争执——这不是他的工作范围。他们要在这里进行一个勘探测试。测试一直到2月27日才结束，只钻到50米深，而且没有钻到水（再打深100米才有水），然后他们给媒体发了一条信息，说这个地区没有水源。

我们在勘探现场屡次遇到非政府组织擅自窃取水源特许权。如果像我这样的私营公司发现水源，而他们的技术根本达不到同样的勘探深度，钻不出水来，他们便会气愤不已。更糟糕的是，非政府组织不允许石油公司继续进行深度钻探，这样会严重威胁到他们的营业资产。

非政府组织安排发布虚假信息，这样做会危害整个地区。这种情况在最近还有发生，例如2015年2月27日路透社[1]发表了一篇文章，文中提到劳提基皮整个地区的水源都是咸的，不可饮用，不适合农业灌溉。我发现这篇文章的发布日期与钻井队到我们基地附近进行造假钻探的日期惊人地吻合。

如果读到英国《卫报》2015年1月15日发布的文章[2]，会更加明白路透社传播的"消息"有多么荒谬。《卫报》此篇

---

[1] First Test Shows Kenya's Huge Water Find Too Salty to Drink, by Katy Migiro and Chris Arsenault Fri Feb 27, 2015 10：45am EST. 凯特·米继罗，克里斯·阿森诺，《初次勘探测试结果显示，肯尼亚发现的大量水源过咸，无法饮用》，2015年2月27日，东部标准时间，上午10点45分。

[2]《一滴一滴找水法让肯尼亚人灰心丧气》，卫报，2015年1月15日星期四。

文章作者为马丁·伯劳特 [1]，他在文章中评价了我们发现水之后当地的显著变化：卡库马难民营过去收容了 15 万难民，近来南苏丹乱党相争的最紧张时刻，在几天之内，收容能力便增加了 2.5 万人。在洛德瓦尔也发生了显著变化，那里的新水井为数量众多的菜园供水，菜园里面已经花朵绽放，将来可以满足菜农全家的食用需求，新水井里的水也可以供牲畜饮用。

消息发布之后，很快就有了反响：图尔卡纳郡长约斯法特·那诺克大概已经知道西班牙石油公司的勘测结果，3 月 8 日，他在媒体 [2] 面前坚决揭露了这一谎言，证实劳提基皮的水不是咸的，而且没有杂质，所以是可饮用水。同时，他还向媒体宣布有意向指定我的公司进一步开发其他三个已经发现

---

[1] 马丁·伯劳特（Martin Plaut）是伦敦大学英联邦研究院成员。和保罗·霍尔登（Paul Holden）为《谁统治南非？（Who Rules South Africa?）》一书作者。

[2] Turkana official denies reports of unsafe water in County aquifers. NAIROBI (Xinhua) 8 mars 2015.The water in the massive aquifers that were discovered in 2013 in Kenya's drought- hit northwestern county of Turkana is free from impurities.《图尔卡纳官方辟谣关于本郡含水层不安全的不实报道》，新华社，内罗毕，2015 年 3 月 8 日文："肯尼亚西北部的图尔卡纳郡曾遭受旱灾，2013 年那里发现巨型含水层，水中并无杂质。"

的水体，将来的发展前景与洛德瓦尔相同 [1] 。

"深层含水层的钻井勘探新挑战及其社会影响"，这个题目会让石油专家发笑，他们已经习惯了在几个星期的时间内钻探到几千米深的地方，而对只在村级水利开发范围工作的钻井队来说，这个挑战会让他们惊慌失色，他们极少钻探到60—80米以下的深度。隔行如隔山，两个职业的脱节拖慢了水文地质开发的进展。

我们在埃塞俄比亚和肯尼亚都发现，在招标的过程中根本找不到能达到我们既定的目标——20天内钻探400米深的钻井公司，但他们在口头上都对自己公司的能力很自信。

我们紧锣密鼓在劳提基皮盆地工作了三个月，但没能完成钻探400米的预定目标，他们的钻探管件直径太小，无法满足钻探末期纵深勘探的需要，只是勉强完成了生产测试而已。管件直径小，就不能把功率大的水泵安装进去，已发现水层的水就吸不上来。其实测试结果最后还是靠空气压缩机完成的，空气压缩机把水鼓上来，但喷出来的沙砾和水一样多。

---

[1] Capital FM, Kenya: Turkana Seeks Fossil Return, Plan Grand Museum. Par Olive Burrows, 16 Février 2015. 奥莉薇·巴洛斯，肯尼亚 Capital FM 新闻网：《筹建国家大博物馆，追讨图尔卡纳化石》，2015 年 2 月 16 日。

只要稍稍参观一下他们的工厂，就可以知道他们的空气压缩机强度和管件直径根本达不到我们的技术要求。不幸的是，在这里，说谎吹牛的水平高超，让勘探作业难上加难。

地球上体积最大的水储备所处的含水层——例如在劳提基皮盆地发现的含水层，一般都处于地下100—160米深的地方，有时要更深。在利比亚南部的努比亚砂岩地带，水层位于3000米的深度！这里需要说明的是，这些水层是石油公司在苏尔特盆地、古达米斯盆地、迈尔祖格盆地进行勘探测试的时候发现的。

因此，目前水文地质学家主要面临三个挑战：

第一个挑战：传统钻井只能达到80米深，如果想要迅速突破80米深度，必须有一套中型设备配石油钻探仪，对未上市交易的资源来说，这些设备重量过大，费用过高，但传统水文地质钻探设备的功率又太低。

而深层钻探作业需要特殊预防措施。首先要保证钻探本身的顺利进行。接下来，钻探到达一定深度的时候，根据当地不同的土质，钻探管线可能崩塌，这一点要绝对避免。那么，解决方案就是持续钻探，日夜不停，泥浆密度大，才能维持钻杆管壁扛住压力。如果太阳一落山便停止钻探作业，到最近的营地过夜，第二天早上再继续钻井，这期间，钻出的井便会崩塌，他们必须重新开始，这还算好的；有的钻井队干脆甩手不干，这样一下子就损失几十万美元。

另外一个解决方案就是提高空气压缩机功率标准，同时也要增加管线直径，用最快的速度达到 600 米深度。

第二个挑战：使用功率足够大的水泵把深井里的水抽上来，但支持水泵运转的能源使用哪种？石油生产田在现场便可以生产能源，用柴油或电给产油井提供资源。

可水利勘探却无法在水层里生产这么便利的能源，那么只能使用外面的能源。如果强迫当地百姓支付柴油费用以换取水源，那就太荒谬了，他们的生活已经颠沛流离，只够自给自足而已。

在埃塞俄比亚欧加登地区北部——当地人称之为"索马里地区"，我看到那里的勘探作业完成得非常出色，深达 200 米，但被当地百姓弃之不用。生活在贫困线以下的百姓，没有经济能力支付能源的费用，不得不取用干涸河床下面的腐败水源，而高质量的水才会让他们的身体保持健康。

而另外一种资源——风能，非常适合多风地区，但需要对其进行显著的改进才可以，如果想把 600 米深的水吸上来，水泵的功率一定要大。但这个解决方案是可行的，可以持久，也可以和太阳能板合并使用，只是还需要进一步技术改良，好在风能设备的成本也在可接受的范围内，因此这种能源是可取的，但不要忘记还存在设备维护的问题。

我们看到西班牙石油公司在劳提基皮成功安装了太阳能光板，这是最适合日照强烈地区的能源解决方案。

这就是第三个挑战：水井交付使用以后的维护和责任问题。这就要求用户内部有人熟悉维护技术，但这里的用户通常都是文盲，即使我们给他们发放技术手册，他们也不会使用，那么只能在村民中选择一些有意愿、有责任感、愿意义务地在水井所在地点独立工作的人，对他们进行实践培训才行得通。当然，前提是获得村长的首肯和支持，让他认同这件事情的益处才可以。

因此，水泵、风车、太阳能光板的设计要简单、坚固，连村里的铁匠、电工、木匠也可以维修才好。要完全避免依赖电子产品，可以有一个例外——有可能的话，最好设立短信预警系统，在设备发生故障的时候，或者水层的水流量、咸度出现问题的时候，用短信通知地区管理中心。

我看到过由于太阳能光板的电缆安装位置离地面太近，山羊会啃食电缆；在缺乏能源的几个月，水泵会停止不动；最糟的情况，还会出现村民对水井抛弃不用，或者水井设备缺乏打理而生锈的事情。

为了安全起见，太阳能光板应该安放在密闭储水池或水塔的顶端。为了避免经常遭遇盗窃事件，应该让村民自己参与监督，并给他们一些利益，例如在学校里面让村民享受远程通信、网络和用电的便利。

学校教师也需要在社群内部的若干层面扮演着重要的角色，主要包括让年轻的头脑熟悉责任链，明白这样做可以改善他们的日常生活。这是为了保持持久性而需要付出的代价，需要时间、耐心和教育——这是最重要的。

如果水井是为农业游牧民族安设的，解决方案就比较复杂，但从技术层面讲却更加简单。在没有监控、离居住区远的地方，太阳能光板总是被盗或损毁，只有风能解决方案最可行。

在这种情况下，水井应该安设在夏季进山放牧的通道上，牲畜群会集中出现，啃食草地，所以水井间隔要有规律，但不能太近，以免它们在吃草的时候把地面啃坏。

离水井所在地区最近的当地机构、地区级机构和省级机构应该负责管理风电场，为水井维护团队配备飞机，使其对风电场进行定期监控和维护，当团队收到警报信息，便可及时前去检查。

这一解决方案在纳米比亚、南非和博兹瓦纳的动物保护区实施几十年来，效果显著，由于动物保护区是国家级保护区，参观门票收入便可用来供电系统的维护。

同样，夏季进山放牧通道上的供电服务，应该由享受服务的人自己支付：洁净的水源使牲畜身体健康，免遭干旱之苦，养殖人员的收入便会大大增加，而且可以长期保持，那他们就有义务做出贡献，让自己长久享受这一服务，生计获得保证。

现在让我们比较一下水井的成本：一项深度为 60 米的钻

探作业，配备水泵，成本约为 8000 美元。一项 300 米的作业成本则为 20 万美元，是 60 米作业的 25 倍。

成本猛然上升如此之高，就需要具备充足的理由，才可以进行钻探，在发生地区气候危机或政治危机的时候，就有理由进行成本高昂的钻探，这样就把社群从危险中解救出来。

我们在埃塞俄比亚欧加登地区钻的深井就属于这一性质，这些深井是美国国际开发署"美国合作"项目支出的预算——必须在这一地区和索马里发生冲突的时候，让这一地区保证安全，万一发生人口迁移的时候，有能力接收数以千计的难民和牲畜，阻止上演新的悲剧，这一地区的气候和政治已经非常脆弱，不能再增加不稳定因素。

法国在这场辩论中的角色

除了美航局、美国国务院和美国地质勘探局，没人对 Watex 水源勘测系统和成果感兴趣，他们也因此可以自由使用我的技术成果，从 2005 年起，他们对我的支持未曾间断过。

2010 年，Arte 法德合资公共电视台对我和我的公司进行了报道，《世界报》也发文对我的公司进行了一番赞扬，吉布提政府看到报道，直接联系到我，让我到吉布提参与制定全国范围内的水源分布图。吉布提国土面积很小，可饮用水极度缺乏，他们不想让法国地质与矿产研究局插手此事，而是由吉布提全国水利部门出资，请我和他们制定清单，测定从埃塞俄比亚阿瓦什河源头开始，一直到阿瓦什河入海，以及吉布提共和国全境范围内的所有淡水资源。

吉布提代表为此事到法国寻求经济合作的时候，法国开发署工作人员无礼地回绝他们说，水不是你们国家需要优先解决的问题！后来，有人告诉我，只有法国地质与矿产研究局才有资格回答和水有关的问题，但吉布提部长并不这样认为，所以才直接联系了我。

2013 年 9 月 11 日，我的美国良师益友索德·艾莫尔博士，和我一起参加了联合国教科文组织在内罗毕举行的记者发布会。发布会向国际媒体公布了由我们公司在肯尼亚北部最新发现 2450 亿立方米可饮用水的消息。这些水会改变在裂谷带数千名肯尼亚人的生活，让他们走出饥饿和干旱。在发布会期间，索德·艾莫尔博士把我拉到一边跟我说，法国足球运动员回到法国会受到热烈欢迎，而我回到巴黎的时候，他们可能不会像欢迎英雄一样欢迎我。

我之前倒没想过这方面的事情，但我回到法国的时候，现实让我更失望。法国媒体根本没有提到这一发现成果，虽然我是法国高等矿业学校毕业的工程师，但这家企业太小了，在包括媒体在内的既定体制面前根本没有可信度。

但这条新闻还是绕了地球一周，上了《纽约时报》和英国广播公司的首页，在法国方面奇特的安静中，我接到了世界各地的热情来电。

158　　　　由于我主要和美国合作者一起共事，包括美航局和美国国务院，所以未来美国给我的业务，我愿意投入其中，这是顺理成章的。

我还要说的是，自从 2005 年我为美国地质勘探局和美国国务院服务以来，他们从来没有向我索要过这套成熟技术系统的操作代码，我就是靠这套代码帮助缺水地区进行水源勘测工作，他们只是在经济上协助这些地区而已。我们在一个相互信任的体系里，国家对个体的首创精神予以信任，个体反过来也对国家信任。

我未来要迎接的挑战

不要忘记我们追求的主要目标：在卫星图上辨认出深层含水层，并绘制出深层含水层地图——这些含水层可以改变人类的未来；使含水层的辨认成为一个长久的工作，这样可以为新兴的农业繁荣区继续供水。只有付出这样的努力，才能止住汹涌的难民潮，不让绝望的难民在欧洲的海岸上死去。

如果水是一种商品，具有商业价值，那出现的问题就会不同。如果水和其他矿物资源一样明码标价，那么就会很容易在金融市场上拿到勘探资金。然而，目前只有在那些绝望的国家发生紧急事件的时候，联合国人道主义组织（难民署、教科文组织、儿童基金会、美国国际开发署）才会想到发展与使用水源探测系统。但从长远来讲，从经济角度出发，这种做法是不可行的，偶然因素的影响太大了（当我自己穿越人生沙漠，失去一切的时候，就是在现身说法了）。

我发明的水源探测系统首先是一项用于发展的工具，只有在这一领域它才是最有效率的。它可以帮助确定大的指导方针：如果人们知道主要的地下水源在哪里，那么国土整治问题就变得更加简单、更加合理，一个国家所有的经济活动都会变得顺理成章。

如果要使通过卫星地图找水的体系长久地固定下来，需要具备三个条件：

——找到享有盛名的人道主义救援人士，可以支持我在国际版图上独自奋斗，这是我十五年以来的事业。例如，艾瑞克·欧森纳是里昂水务公司^①的推荐人，声名远扬，保证公司公关顺畅进行。我们公司和大型水务公司的目标不同，我们优先寻找的是具有国际美誉的人物，可以是已经参加人道主义救援活动的名人，比如像乔治·克鲁尼，促使达尔富尔危机结束；比如比尔·盖茨、布莱德·皮特、安吉丽娜·朱莉，他们会一直在联合国教科文组织参与人道主义救援。可以想象的范围很广，但目标高度一定要保持。

——采取有效措施，组织一个国际的多学科团队，即使

---

① Lyonnaise des Eaux.

我缺席的时候也可以继续运转。欧洲的敌意和冷漠让我选择美国来保证项目的长久发展，而且就目前来看，所有支持我们的资金都是来自美国。目前，我们团队有两方面的工作，从量上来讲，处理数据、图像的工作，由我的同事负责；从质上来讲，对图片最后的处理和阐释工作，由我来做。

这个组合是很脆弱的，必须要求水源探测系统本身整体的计算机程序格式化、标准化，为程序添加合适的搜索引擎，让用户在使用软件程序时感觉到简单实用。

这项工作需要几名地质学专家、地球物理学家、电脑工程师在一起工作一整年来完成。我们寻找赞助人，在我离开之前帮助我们完成这项任务。

但这套水源探测系统永远不会简单到按几个按钮就能解决问题的程度。总是需要经验丰富、能力足够的人对数据进行阐释，在合适的地点、合适的深度，跟合适的合作者在一起做出有效的决定。我们的合作伙伴只能是一个在钻探和石油地质物理领域工作的公司，有代表性的理想模式就是斯伦贝谢有限公司。这家公司可以进入全球所有钻探数据库，只有拿到这样的王牌才可以发现深层水。

——最后，不光支援紧急项目，要把工作远景目标放在帮助地区开发和发展上面，通过发现新的水资源，去平息因水源缺乏、食品缺乏而造成的冲突。这个步骤和我最初从事的石油事业工作步骤是一样的，发现水资源，生产出来，把勘探和生产整合到整个工作步骤当中！这是我近几年来追求的梦想。

跟我们一起合作的勘探石油公司一定要实力雄厚，着眼于全球的人道事业，支持创新，态度乐观、严谨，工作团队技术过硬，可以保持长期的合作关系。

非政府组织使用了我的技术以后，水危机一旦解决，就毫不留情地把我甩到一边，不会考虑那些接受临时救助的人们，他们虽然暂时摆脱了口渴和饥荒的灾难，但他们以后怎么办？非政府组织只做到人道危机解决方案规定范围的事情，不会为难民多考虑一点点。更可怕的是，非政府组织对含水层的演变、持久性一点也不感兴趣。如果一个含水层里的水都使用殆尽，那么岩石的孔隙就会缩紧，就像手用力挤一块海绵，海绵的小孔都变小了；然后岩石会变硬，重新充水的能力完全丧失。达尔富尔的含水层就是典型的例子。

有了这三条线索，就可以让我们将来找到更好的管理地球水源的答案。任重而道远，未来的重任值得我们现在付出努力。我是这项技术的发明者和唯一持有人，所以我肩上的责任更重。

水源探测技术可以应用的大片区域

水源探测技术可以应用的区域是非常广的：全球人口的五分之一，地球面积的三分之一，都受到了沙漠化进程的威胁，包括亚洲、萨赫勒草原、北美、地中海沿岸。

近年来，我所见证的灾难只是冰山一角。我们面前到来的是一片滔天巨浪，是由世界气候变化造成的；长期以来，我们一直认为，气候变化只对发展中国家有影响，其实不是这样的。近二十年来，极端气候的出现和蔓延，不加区别地对所有国家都产生了影响。

几亿年以来，地球地质历史反复经历地质气候周期变化，这是不是另一次变化呢？或者完全是因为人为因素，由于化石资源燃烧导致大气中的二氧化碳气体和甲烷增加的缘故？或者仅仅是因为太阳的周期性喷发所造成的？

在我看来，如果现在下定论，还为时过早。我们的先祖在石器时代长达几百万年的时间里，见证了四个大冰期，这样的气候紊乱是前所未有的，我们现在所面临的，也是气候紊乱。我们没有别的办法，只能适应。有人想把气候变化的形势扭转，在我看来，那简直是纯粹的空想，无论从政治层面还是技术层面都是不现实的。在这场论辩中，需要优先考虑的是用教育解决问题，还要在我们生存的环境中高密度植树造林，自从新石器革命以来，我们的祖先一直在毁林兴农，环境备受蹂躏，现在的植树造林需要普及到首都城市和建筑的顶部。

埃塞俄比亚是发展中国家，我们还记得它经历了二十年内战，之后发生了干旱，又在 1983 年至 1985 年发生了大饥荒，导致 40 万人口死亡，造成几百万人流离失所。我们可以正当地指控这个国家的无政府状态，指责他们领导人的无能，没能正确地面对和解决危机。但我们现在面临的挑战却完全不同，目前工业扩张的无政府状态是全球范围内的普遍现象，它导致气候发生变化，使世界各地的极端温度受到影响，洋流也改变了原来的走向，而洋流是温度的主要调节因素，就像一个大房子里的中央供暖一样。

人们在 20 世纪初的时候在南太平洋上就观察到了这种现象，当时并没有完全理解是怎么回事。一直到将近 20 年以前，通过地球观测卫星发回的资料，人们才看到厄尔尼诺现象和拉尼娜现象，两种现象使智利海岸沿线的地面水温度产生波动。

这种现象是周期性的，所以可以提前预测出大概的发生时间，原则上来讲，这种现象与全球变暖没有关系，但却改变了世界若干地区的气候极端温度，使极端温度失常，表现为干旱期延长，洪灾肆虐（由于沿海地区居住人口过度增长，死亡人数更多），而且，海平面逐渐升高，各国都在大规模地砍伐森林。

两极和赤道之间的热量不平衡加剧，直接表现为南北回归线之间地区台风和飓风的强度增加。

拉尼娜现象导致太平洋发生剧烈的气候活动，使 2011 年和 2012 年肯尼亚、埃塞俄比亚、索马里连续两年雨季没有降

雨，导致了农业产量急剧下降，在不同地区的牲畜死亡率达
40% 到 60%。除了对经济、社会产生危害，也对恐怖集团的
出现起到了推波助澜的作用。

现实肯定更复杂，如此大规模的自然现象不是通过几个
简单的方程式就能解决的，但是有一个基本共识，那就是拉
尼娜现象是导致非洲之角连续两年旱灾的原因之一。

一百年以前，地球人口的数量并不多，即使发生拉尼娜
现象，可能也没有人发现；而目前人口数量越来越多，越来
越向城市集中，那里发生的气候现象很快就能广为人知，这
种可能性也是存在的。亨利·德·蒙弗雷[1]、阿瑟·兰波笔下的
索马里，已经不再是摩加迪沙兴盛时期的索马里了。我之所
以提到这段插曲，是因为 2011 年至 2012 年这次 60 年不遇的
旱灾，威胁到了 1300 万人的生命，导致前所未有的人口跨边
境迁徙，使索马里、肯尼亚和埃塞俄比亚更加不稳定。

这次旱灾从非洲之角蔓延到了南苏丹、卢旺达，不久就
要到达中非北部，我和美国国际开发署及联合国从 2012 年在
这片灾区工作。图尔卡纳大量饮用水储备的发现地点就在图
尔卡纳最严重的灾区，这说明我们没有认输是对的。

其他可以勘测到大片地下水源的广大区域，也都位于南

---

[1] Henry de Monfreid.

北回归线中间。比如说，中国就面临很严重的沙漠化问题。涉及的土地面积近 250 万平方千米，占中国领土总面积的 27.3%。据估计，有 4 亿人的生活受到沙漠化问题的影响，例如灰尘对皮肤和支气管的影响。在中国领土上，沙漠每年向前推进 2460 平方千米。不可再生的地下水源受到沙漠化进程的威胁。由于土地退化，从 1990 年开始，每年有 600 万公顷可耕种土地（土壤里适合耕种的浅层土）失去耕种能力，致使每年收入损失达 420 亿美元，危及 1.35 亿人的生活。

另一个例子是墨西哥，47% 的国土面积正在变为荒漠，也导致了大规模的人口迁徙，人潮主要涌向美国。

总体来说，世界的沙漠化进程规模正在扩大，致使大批人口移民，已经引发众多危机产生，如果我们不把更多的注意力集中到沙漠化问题上，那么未来还会助长更多的危机发生。

未来会给我们留下什么？

当然，我们不可能准确预见到未来几十年会发生的事，但发生一次大灾难的要素已经具备，并且已经扩散到了发达国家的门口。

人口过多、污染、气候变暖促使我们为人类和地球的命运担忧。

众多专家担心在边境相邻国家之间会发生"水源战争"，

166 但是我看到"水源战争"已经开始了。战争级别会越来越高，会比我们想象中来得更快，战争的表现形式极有可能是大型移民潮，我们会为移民潮的猛烈程度之剧、持续时间之长而震惊。

如果我们现在还想付出努力，让全球气候变化的潮流停下来或慢下来，已经不可能了——太晚了，我们只能向我们的祖先学习，和他们一样，在新的历史发展阶段，适应新情况，跟上新情况的变化，不断创新。现在世界的变化，都是以前发生过的，但只有一样以前没有，就是人口大爆炸，史无前例，我们已经感受到了它对环境的毁灭性打击。我们只能希望新出现的问题会让我们变得更聪明、反应更快、更有创造性。

另外，海平面上升致使沿海区域的地下淡水遭受海盐污染，情况会越来越严重，地球上近80％的人口都会受到影响：应该考虑把若干大型首都搬离原址，而不是为了留在原地把预算资金白白浪费掉。新奥尔良的重建和佛罗里达土地重新整治的案例，从中期来讲，应该受到批评——人类社会的未来不会将就人类的念旧情怀。

2014年1月22日，我应联合国邀请赴内罗毕，在享有盛名的英国"威尔顿公园"机构综合介绍我们公司的业务，以及近期在图尔卡纳和非洲之角的发现，与会听众都是非洲负责危机解决的代表。

　　我向他们介绍了我们到非洲勘测、定位地下深水层的原因，为他们解释地面含水层和地下浅水层越来越稀少，人口增长、城市规模扩大以及气候变化所导致的后果，使得污染越来越严重。

　　努瓦克肖特、达喀尔、拉各斯、利伯维尔、洛美、内罗毕、里约热内卢、特拉维夫、圣保罗、拉巴斯、东京、北京这样的城市对饮用水的需求越来越大。如果按照大型自来水公司的逻辑来看，没有唾手可得的经济解决方案，唯一的方法就是不断提高自来水价格。

　　利用这项新技术，我们可以把地下 600 米深的可饮用水引上来，那里蕴藏着未来的可再生资源，比已知地面可饮用水资源多 30 倍。但这些水储备是有价的：勘测成本、生产成本、维护成本和回收利用成本。在未来寻找水源的过程中，要认真考虑太阳能能源的利用，在图尔卡纳的勘探中，太阳能的使用非常成功。

　　我也提醒联合国，要想达到勘探所需深度，目前的钻井设备是不达标的，我们在内罗毕找到的设备，在图尔卡纳劳提基皮盆地这样土壤密度较大的地区，用了三个月时间，艰难地钻探，只钻到了 330 米的深度，而美国得克萨斯州发明的小型移动钻探机，10 天就可以钻到 600 米深。

　　十年间，我们在乍得、苏丹、加蓬、多哥、阿富汗、安哥拉、东非之角，取得了成功，积累了丰富的经验。这些地方的气候和地质条件不同，十年的经验证明，我们可以迅速、经济地找到多达几十亿立方米的新的深层水资源，在这之前，没有人知道这些水到底在哪儿，我们的技术相对于结果来说，费用非常低廉。

学究式的水文地质学家们，评估在图尔卡纳发现的深层水资源及其再生方式时，曾经严肃地批评我，可以说是指责我做出这样史无前例的发现，我在联合国教科文组织成了不受欢迎的人。

这些书斋中的水文地质学家不想理解，也不想听我讲我在矿业学校的时候作为一个年轻的工程师学了什么——对可再生能源和水储备的评估需要钻几百口勘探井才可以实现，耗资巨大，这些预算资金他们可能永远也拿不出。他们在办公室里使用的概念模式并没有考虑到任何实地经验，过于理论化，有太多的不确定性，而且晦涩难懂，可信度较低。但最糟糕的是，他们从来没有看到过一个人因为口渴而在可怕的抽搐中死去。

当我们面对人道主义紧急事件的时候，重要的是让科学为事发现场的人类服务，而不是为巴黎一间办公室里的科学和数据统计服务。

跋：最后的进攻

伊拉克的新闻让我震惊，占领争夺摩苏尔水坝，致使几百万人口流离失所，居民成群结队出走异乡。摩苏尔水坝是当地最危险的水坝，那里的地质环境极其不稳定。

即使极小的破坏活动也会导致水坝的毁坏，会给下游的摩苏尔市制造一场海啸般的灾难，关系到近两百万居民的安危。

这就是动用军事空袭手段，控制这个水坝的主要原因。

另外一个重要原因就是他们随时可能让摩苏尔市断水断电，其他下游城市、村镇也会断水。

2015 年 1 月 21 日，天空的背景是红色的，飘着白色和黄色的带状物，像木头的纹理。周围的平坦地带是沙漠，覆盖着圆形大鹅卵石，下面长出些稀疏的草束。小山像柔软的波浪连绵到远方。天气凉爽下来，夜幕马上就要降临。突然，一阵轰然巨响响彻整个天空，穹幕上满是长长的斑纹。这是轰炸机喷出废气发生冷凝作用而产生的凝结尾迹。轰炸机从南边飞过来，统一朝着一个点会合，这个点就在我们前方十几千米的地方，卡拉考石和摩苏尔方向。

我们所在地点是伊拉克库尔德自治区卡乌尔高士科①难民营，埃尔比勒西 40 千米处，大扎卜河畔。

天冷了，我们要尽快返回埃尔比勒。这里夜间行车是极不安全的。

上一个星期我们在约旦首都安曼，和联合国、欧盟代表一起拜见了伊拉克总理，最后敲定我们公司在伊拉克寻找深层水的行动方案。

伊方向我们透露，担心幼发拉底河哈迪塞和底格里斯河摩苏尔两个主要水坝受到破坏："如果他们把两个水坝炸掉，伊拉克就不存在了。"伊拉克水源和灌溉部的代表肯定地告诉我。

他们的另一个担忧之处是背井离乡来这里的人越来越多，雅兹迪教徒、天主教徒、迦勒底教徒、琐罗亚斯德教徒，总共一百万人被迫从大山里走出，颠沛流离，来到伊拉克库尔德自治区避难。埃尔比勒市人口很快翻倍，水源问题显现出来，目前还没有找到解决方案。

由战争引起的大规模强制性移民，对本地区造成了悲剧性影响，与水有关的政策、水的分享，影响了难民接待国的稳定，例如约旦、黎巴嫩、土耳其。

---

① Kawergoshk.

阿兹拉克难民营在安曼的东北部，在约旦、伊拉克边境附近，那里建设的基础设施在未来几个月内可以接待 15 万叙利亚难民。危机正在酝酿之中：迁移的人潮中不仅有一贫如洗、受伤、精疲力竭的穷人，还有混在里面想在接待国引发动乱的特务。

在这个沦为世界最贫穷角落的国家里，我们会为所有的难民找到可饮用水吗？难道不是水源问题能够使整个中东陷入不稳定之中吗？发达国家不也受到间接影响而变得不稳定吗？事实上，发达国家不可能不受到失控移民浪潮的影响，经济方面、精神方面都会受到损害。

现在，水源战争在也门爆发，直接影响阿拉伯世界的稳定，让非洲之角更加不堪一击。

我们必须承认，水源战争已经开始，蔓延的速度前所未见，把所有人牵涉其中，比我们想象的要快得多。它的猛烈程度之剧、持续时间之长，会让我们震惊。这场战争将深刻改变我们的生活方式。

由于我们过去、现在的不作为，致使悲剧的范围正在向全世界扩展。

我在联合国内罗毕办事处、联合国亚的斯亚贝巴联络处、联合国教科文总部参加数次会议并发言。有一次我在应邀发言的时候，心里五味杂陈，时而怀疑，时而无力，最后终于有了一种看破尘世的感觉——我忍不住引用埃德蒙·柏克的名言："恶人得胜的唯一条件就是好人袖手旁观。"

我还告诉他们，比袖手旁观更坏的事情，就是存在可以改变世界的可靠技术，他们却置之不理。

附录

地球地质简史

这段历史要上溯到46亿年前，我们的地球刚刚形成。那时的地球和现在我们所熟知的世界还很不一样——那时的地球既没有海洋，也没有大气。

和太阳系里的其他行星一样，地球经历了小行星猛烈地撞击，使其原始物质团丰富起来。它变成了一颗黑色的行星，中心是铁和镍组成，外面则包裹着岩石，岩石之间由于发生核反应而融合在一起。

水的存在比太阳的存在要早。太空里的水是以冰的形式出现的，在地球形成的过程中，引力场把冰吸到地球上。接下来，所有的元素都在不同的包裹层里按照自身的密度分配开来。在地球形成的最初阶段，宇宙水曾经是岩浆的组成部分，是地壳的基本元素之一，水和其他元素一起作为自由元素组成地球，水以蒸汽形式存在，内含氮气、甲烷和大量二氧化碳。

在距今不到46亿年和不到39亿年之间，地球受到了一次剧烈的陨星撞击。出现一片深度达几千米的岩浆海洋，但没有永久性的坚硬外壳，这片岩浆存留了相当长的一段时间。

快到距今 40 亿年的时候，第一批稳定的陆地出现了，随着地球表面冷却，液体水可能也出现了。

也许当时有彗星撞击在地球上，由于彗星核里有冰，所以给地球大气层贡献了水蒸气，使大气层的密度更大。

在地球逐渐冷却的过程里，地球内部热流外排，导致地球表面水沸腾，开启了大陆未来漂移的旅程。陆地当时可能像一层黑色坚硬的岩石壳，漂在当时融化的岩浆表面，与现在的陆地并不相同，我们看到的陆地的形成时间是很晚的。大气层包含水蒸气、氮气、二氧化碳，它保护地球表面减少太阳紫外线的照射，加快地球冷却的过程。由于地球逐渐冷却，水蒸气得以凝结成液体，然后形成厚厚的云层。几百万年的大洪水，最终在 42 亿年前形成了海洋。

倾盆大雨塑造出了地球的表面，将一部分地壳淹没，也就形成了最初的海洋。二氧化碳是一种非常强大的温室效应气体，当时我们年轻的星球上，大气层里有大量的二氧化碳，二氧化碳逐渐溶入水中，与岩石中的钙发生反应，形成了碳酸钙。大部分碳酸钙都融入了水中，地球便继续冷却，一直冷却到接近地球今天的温度。

当时的地球团已经大到足够把气体留在自己周围，形成大气层。因此水能够出现，而且能在地球上安居并不是偶然的。

地球和太阳的距离不近也不远，所以地球上大部分水可以从气态转化成液态，在地球的表面上充足地流淌着。有了土地和海洋，上面便出现了"装饰物"，这样生命就可以在"蓝色的行星"上生长了。

在距今不到39亿年到25亿年的太古代，出现了海洋；而陆地是在板块漂移的时候开始发展壮大的。

从那时起，在不到38亿年的时间里，这片原始的海洋已经具备了所有孕育第一批有机生命的条件。海洋见证了蓝菌门——蓝绿藻在氮气中的繁殖，蓝绿藻最初的时候制造氧气，现在则变成了人们所说的叠层石。这种藻类只能在氮气循环中生存，开始在水边形成大片礁石，现在在澳大利亚还可以看到它们。

这些原始藻类给所有海洋的底层铺上了极厚的地毯，和火山熔岩一起形成了氧化铁，因此地球上最初的沉积岩含铁量特别丰富，玄武岩岩浆壳冷却之后，上面便覆盖了沉积岩。就是这一地层今天送给我们地球上最富饶的铁矿，分布于巴西、澳大利亚和毛里塔尼亚。

氧气的出现是十分漫长的过程，蓝藻的活动释放氧气；宇宙射线不断"轰炸"高层大气，大气里的水蒸气和二氧化碳的分解过程中也释放出氧气。通过现在地球大气的构成，还可以看出这一演变，因为大气里的氧气只有25％，而氮气则占了75％。

氧气逐渐出现，引发了地球演化过程中一场史无前例的革命——光合作用！

光合作用改变了一切：新种类的绿藻很快在大海里蔓延开来，它们吸入充足的二氧化碳，从中提取对自己生长有用的碳，再把氧气释放到大气和水中。绿色的水藻使海底动植物有机体的种类增多，这些有机体逐渐征服了露出海面的土地。

由于陆地漂移和正常应有的侵蚀作用，露出海面的土地受到侵蚀，和上段提到的化学效应和生化效应一起发生作用，促成了新的沉积岩石在海底产生，厚度惊人。

接下来，新的沉积岩被覆盖的时候，压力增大、温度增高，便又发生了其他转变，沉积岩就变成了变质岩，质地更加紧密、坚硬，例如大理石、页岩，最后又变成了组成结晶基底的花岗岩。这些新岩石使原始地壳变厚，科学家将其统一称之为"盘古大陆"。

这些海底的沉积团有利于陆地漂移。山脉隆起的时候，它们也随之露出海面，形成一块由断层岩构成的"千层酥"，"千层酥"不断地受到风沙、雨水的冲洗和侵蚀。正是在这些质地混杂、露出地面的地层里面，雨水开始向深层循环。水文地质学家的工作就是从这里开始的。

水，有魔力的分子！

水是在空间中超越时间的旅行者，除了氢气，水是宇宙分子中最基础的一个，也有可能是宇宙分子中最古老的一个，水的诞生比太阳的诞生早得多。自从盘古开天地，它便在宇宙中自由移动，在星际空间穿越星系，偶尔在彗星的中心聚成冰核。

大约 40 亿年以前，它与最初的地球岩石结合在一起，绕着太阳转动，促成了地球的诞生以及水晶和所有矿石的产生。后来在火山喷发的时候，它又变成了水蒸气，构成了云。

水是一个分子，它的化学成分是法国化学家安托万-洛朗·拉瓦锡，在法国大革命即将开始之前发现的。法国人把他的头颅切下来，来感谢他做出这样重大的发现。他们至今未变。

拉瓦锡的天才让人折服：他使用一个新枪筒，在进行实验操作之前和之后都测量了枪筒，他发现实验过后，喷出氢的枪筒重量增加，像一根旧钉子一样，生了一层铁锈。

其实，科学家拉瓦锡很快通过这次实验推导出，重量不同是因为枪筒里多了铁锈，即氧化铁，而且这一氧化物的产生是因为有水蒸气。因此，水里包含一种气体，这种气体是可燃的，拉瓦锡将之命名为"氧"，它导致了铁氧化。这样，他确定了水的分子式是 H_2O。

现代化学就这样诞生了。

物理学家和萨满巫师可能会同意把水分子描绘成一个非凡的神灵，因为它的形式易变，违背常理。

水的固态形式在降温的时候，密度并不会变得更大，自然界的其他组成物也是一样的。它只是变得更轻：冰不会流

178　动，但可以浮在水上。

　　冰在压力下不会变得更结实，和大家想得正好相反，它会变成水——人把冰放在嘴里嚼，冰会融化，就像冰川底部的冰会融化，道理是一样的。真是万幸，水就这样流动起来了，否则两极冰团越来越重，永恒存在，那么海洋循环错乱，气候也就跟着错乱了。

　　想象一下，1831—1836年，达尔文在小猎犬号探测船的甲板上出洋探险，在地球的海洋里航行整整五年，当他测量深渊底部水温的时候，他发现温度恒定为4℃，他是多么惊

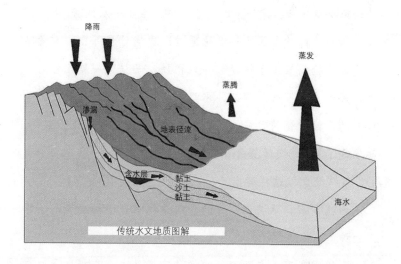

传统水文地质图解

讶！他发现，在高压之下，水温如果恰好为4℃，那此时水的密度达到最大。而今天，这只是一个物理常识。

谁比鳟鱼更能玩转这个特性呢？雪融的时候，尾巴在河里扑腾一下，远比夏天在温度更高的溪流中扑腾更有效率：4℃时，水的密度大，给鳟鱼的浮力更大，鳟鱼跳得更远，越过障碍的速度比天热的时候更快。

形成水层表面的力叫作表面张力，这种分子间的力量（范德华力）好像给水加了一层皮肤——这是毛细现象，可以让某些昆虫在水上行走。

冷水可以比热水溶入更多的氧和二氧化碳，这是水使大海里出现生命的另一个基本特性。今天，极地冰的下方有无数生命，而在海水更热的地方，尽管那里生物更多样，但生物的繁殖能力更低。

含二氧化碳的冷水具有酸性，因此便形成了越南下龙湾的花岗岩圆锥——石灰石柱形山，在整个冰川时代形成了众多岩洞，使水和人类都可以自由地在地球深处穿行。

水的循环和含水层

化学家拉瓦锡曾说过，地球上什么都不会消失，什么都不会诞生，无论什么都可以互相转换。这句话恰好说明水循环是如何进行的。

无论饮用水来自江河、湖泊还是水井，都是从海水蒸发而来的。海水的水蒸气与陆地接触，冷凝形成地表降雨，其中一部分雨水蒸发掉（在不同的地方，蒸发率可达40%到80%），另一部分雨水通过细流进入河流中，而最少的一部分（1%到30%）渗漏到土地的多孔地层，进入地下水层。最后，这些地下水经过不同的时间长度，都会重新以液体的形式流入海中，重新进入水循环。

地下水层的定义是地下岩石里的水，水在岩石中存储、充满、自由流动。这块岩石叫作含水层。

所有在地下水层里的水都来自雨水，雨水渗漏到地下，为含水层加水，积累在含水层中；或者直接充入，或者通过复杂的路径、沿着断层线进行漫长的地下迁移活动。最简单的地下水层是河流的沙质河床，是已知的主要含水层，被称作"冲积含水层"，直接由河流和雨水充注。

总体来讲，最重要的地下水层位于沙质地质层（也叫砂岩），面积通常非常大，地层极厚，离地面近，如河床下方，沙丘地带下方，或者更深的古代三角洲里面。经过几百万年的在地层沉积过程，这些三角洲深深埋藏在地下。

例如，努比亚砂岩，形成时间已经超过6000万年，是利比亚南部、阿尔及利亚、埃及和苏丹最大的含水层，面积达几千平方千米，深达3000米，水质优良，但问题是，那些水不可再生，因为这些水中的大部分都是几千年前通过雨水渗漏而来，那时北非的气候比现在湿润。潮湿的气候利于渗漏，雨水直接垂直过滤到地下，最后用了几个世纪的时间充满了巨型的含水层。

不要把努比亚砂岩含水层想象成巨大的地下湖泊，而是想象成巨大的海绵，每个微型岩洞里都装着水。如果给这类含水层做一个最简单的比喻，那就是像汤盘里放了一块海绵，盘子的凹陷部分装着水。

如果沙粒之间的空间太小，那么水就会被毛细现象留住，而不能流动起来。沙粒要足够大，才可以把水保存住，水也能自由流动起来。因此，沙质含水层要根据其沉积的性质或多或少浸满水。水井纵穿几个地质层，在沙粒大的地区水量大，在沙粒小的地区水量小。

地面含水层不是密闭的，它们直接由河流或通过降雨获得补给，在"不可渗透"表面上自由流淌，水不会通过这样的地面过滤到地下。

更深的含水层通常是密闭的，因为它像肉夹馍一样被夹在两层不可渗透的地层之间。因此那里水的补给不是直接的，水流注满的机理通常很复杂。原理就像两个汤盘中间夹的海绵那样。

水和石油不同，石油是浮在水面上的，在隆起形状的结构（即背斜处）中会一直向上升，向上迁移，一直升到地面上来；而水一直向深处迁移，并会在低处（向斜处）停止流动，这样深层水就很难找到。

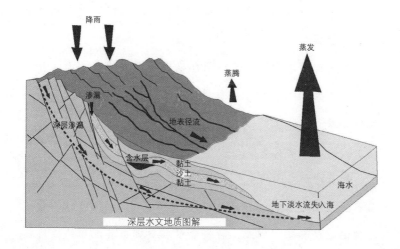

降雨

蒸发

蒸腾

渗漏

深层渗漏

地表径流

含水层

黏土
沙土
黏土

海水

地下淡水流失入海

深层水文地质图解

洞穴学者了解其他含水层。石灰石岩层被雨水溶解，里面形成地下岩洞，洞穴学者对其进行勘察，发现地下岩洞如果恰好有雨水流入，那么水便可以在岩洞里流动、存储，岩洞里的水层包括地下湖泊、虹吸洞道、涌泉。这样的水层很难开采，而且最好不要对其进行开采，因为它们是通过涌泉从下方供水的，如果开采，上方河流就可能干涸。除非涌泉是向大海溢出的（地球上有不少这样的地方）。收集这样的淡水，不让它们消失到海水里，是一门实用艺术，需要通过科学和直觉来进行。

还有一类水层，很少为人所知，潜在水量更大，山区的基岩区可以对其进行深层补给。这一地区断层带集中、密度大，雨水容易渗漏到深处。这种聚集雨水的现象可以持续几百万年，运气好会累积出一片非常巨大的含水层，但现在传统研究领域还没有研究到这里，因为传统的水文地质勘探还无法深入这样的水层。

美国一家勘探公司在特立尼达检测到一处此类水层，并进行开采，现在开采量可以供给整个岛上的淡水消耗。这类深层水层有时候也会有海底涌泉出口，例如在加纳附近海域，海底四百米深处附近，由于存在大片的特殊地理结构，便有海底涌泉。

复杂情况数不胜数，简而言之，水所通过的一系列地下含水层，面积有大有小，有时绵延，有时断断续续；所处的地质岩层也各有所异，有时会被断层中断；深度也各有不同，有的直至地表，有的通往河床，还有的通往沉积盆地区域的深层向斜处，深度可达几千米。

地下水四处逃逸，需要分阶段、分地段、根据地球每个地区特有地质和结构特点及当地的降雨量进行围追堵截。气候干燥国家的地下水层，比气候湿润国家的地下水层更难填满。随着近60年来全球范围内的气候变化，地下水分布的复杂性越来越高，导致今天世界范围内寻找深层淡水的难度增加。

地下水迁移的距离长，时间久，那么就需要在好几个国家寻找水源。阿尔及利亚撒哈拉沙漠中部水井里的水，来自于一千年前查理大帝时代，是从摩洛哥阿特拉斯山脉侧坡上

184 　接到的雨水，那时阿特拉斯山脉的侧坡还是一片青翠，覆盖着大片雪松，这样水就可以过滤到地下了。

现在，撒哈拉沙漠中部大陆夹层的井内，水平面降低，摩洛哥阿特拉斯山脉的大片雪松很久以前已经被砍伐殆尽……人们可以思考一下森林砍伐对地下水层的水源更新所造成的后果。

裂谷和水

裂谷通常是一个狭长的凹陷，或是在高崖峭壁中间有一块窄小平原，紧接着就是几百千米长的断裂带，是由大陆漂移造成的。

例如死海的裂谷，在红海开口处，把埃及、苏丹与阿拉伯半岛边界隔开，裂谷的两侧是陡立的峭壁，长达几百千米。这条断裂带的线条一直延伸到东非，长达7000千米，裂谷内形成了从南半球到北半球众多湖泊，例如坦桑尼亚的马拉维湖、鲁夸湖、坦噶尼喀湖，卢旺达的基伍湖，乌干达的爱德华湖、阿尔伯特湖，肯尼亚的图尔卡纳湖（旧名鲁道夫湖）。

这条地壳断裂带线条极长，穿过埃塞俄比亚，一直延伸到红海，然后穿过亚喀巴湾，经过死海和加利利海，一直到达叙利亚大高原。

我从十五岁开始，先是关注以色列和约旦河谷，然后开始对裂谷地带着迷。

裂谷有的是两侧竖起高崖绝壁，有的则没有，但也一样扮演重要的角色。如果裂谷中满是沉淀物、细石、沙子、湖底沉积，那么虽然水从我们的眼前消失，但其实是藏在地层深处，这些就是需要人类发现的含水层，是我在东非最关心的事情。

如果覆盖裂谷的沉淀物表面是潮湿的，那么我们便知道下面有水，特别是如果沿着断裂带一直出现残留的潮湿痕迹，那就更说明问题。这就是我在埃塞俄比亚、索马里、肯尼亚长期进行的事业，因为这一领域让我看见了未来巨大的潜力——我要再次强调，东非裂谷的水给人类的未来开辟了一条新路。

专业词汇表

振幅：衡量信号强度的单位，主要指电磁波的高度。

含水层：指包含水的地质结构。

地面含水层：指地面上的地质结构，例如河流的冲击层，水有几厘米或几米深。

深层含水层：指含水的地质结构，深度在地下60—80米，只有使用复杂的地质物理勘探工具才能探测到。

背斜：指当沉积层像床单一样有褶皱的时候，一个褶皱的高处或凸起的地方。

向斜：指沉积层有褶皱的时候，一个褶皱的低处或凹下的地方。

明度：雷达照片的特性，对于数码图片，明度指照片里面雷达反射强度的比例，用数字来表示；对于胶片图片，正片里面白色调表示明度，黑色调表示缺乏明度。

林冠：森林林冠是厚度为50多厘米的森林最高薄层，林冠的位置随着树冠的不规则上下而不同。在赤道附近的森林中，林冠厚度变化范围在25—45米之间，在雷达图像上雷达射线反射为浅色调，色调稳定。

电导率：物质传播电流的特性，损失很小。在一个自然的表面上，电导率随着湿度变高而升高。

介电常数：描述物质表面电特性的基础参数，影响雷达的回程信号。如果一种物质不传电流，则叫作电容率好，对于电磁波来说完全是透明的（例如玻璃）。由于水分子极性的作用，介电常数主要由介质的潮湿度决定。

数码：指用数码数据来表示一张图片，通过一系列二进制数字来表示（例如，0—255 或者 8 比特）。

ERS 欧洲遥感卫星：欧洲两个雷达卫星的名称。ERS1 号卫星于 1991 年 7 月 17 日进入轨道，由阿丽亚娜 4 号火箭推送，ERS2 号火箭于 1995 年 4 月 21 日进入轨道，与太阳同步轨道兼极轨道运行，轨道高度平均为 785 千米。两颗卫星都在 C 波段运行，偏振模式为 VV，固定入射角为 23°，平均分辨率为 25 米。

扫描宽度：与卫星伸出部分垂直方向拍摄的雷达场景或雷达图像的宽度。

创意孵化器："创意孵化器"是壳牌公司于 1992 年推出的计划，旨在鼓励低成本的烃勘探技术革命。

地质编码：指为一幅图像做地理方面修改，以使达到预期的投影效果。地面安装的控制点可以有效帮助提高精确度。

地貌学：地球表面物理现象及其与地质结构关系的研究。

地理位置参考：在一幅图像上标明与场景有关的信息地理位置定位，如经度、纬度。

全球定位系统：使用 18—24 颗卫星的地理位置定位系

统，每颗卫星上都有一个原子钟，把三维位置、速度、准确时间提供给地面的每一个接收器。

水相的：指一片含水量高的土地，含泥炭，酸碱度成酸性，土地的肥沃程度低。例如，刚果盆地的森林土地被洪水淹没时的情况。

图像：电磁波长度所及范围获得的图画表述。

微波：长度为 1 毫米到 1 米（0.3 赫兹到 300 赫兹）的电磁波。

C 波段：长度为 5.6 厘米的波段（RADARSAT 和欧洲遥感卫星就是这一波段）。

S 波段：长度为 10 厘米的波段。

P 波段：长度为 75 厘米的波段（太空飞船执行任务时使用）。

马赛克：把卫星拍摄到的相邻、单独图像组成一幅大图。

盘古大陆：盘古大陆的概念和名称源自柏林洪堡大学气象学家、天文学家阿尔弗雷德·魏格纳。"盘古大陆"概念第一次出现在其 1912 年的出版物中。1915 年，他在《海陆的起源》中认为"盘古大陆"是一块几乎集合所有露在海洋之上土地的集合体，在两亿九千年前石炭纪末期、二叠纪初期就已存在。"盘古大陆"一词在《海陆的起源》（1920 年版）中出现。这块大陆于两亿五千年前的三叠纪时期在板块漂流的作用下，形成了今天大陆的形状。

穿过：指液体从多孔环境中穿过，就像水从高到低从多孔岩层（如砂岩）中穿过。

地下水层：指被岩石捕捉、在岩层中存储、溢满、自由流动的水。这块岩石便称为含水层。

水压面：含水层中的地下水表面保持平衡时的水位高度。例如一口井里的水，几天没有用泵抽上来，这时水的深度就是水压面。

像素：用数码语言表述一幅图片的最小单位值。为图像文件里的样品进行空间定位。点阵图的组成单位。

偏振模式：地磁波的电场矢量指向。雷达卫星可以产生和接收不同的偏振模式：HH——水平传播——水平接收；VV——垂直传播——垂直接收；HV——水平传播——垂直接收。

浮力/升力：流体力学用词。指可以使飞机上升或维持飞机在空中飞行的力量。

RADARSAT：加拿大第一颗雷达卫星，1995 年 11 月进入轨道，与太阳同步轨道兼极轨道运行，轨道高度近 800 千米。卫星在 C 波段运行，入射角 20°—60° 不等，偏振模式为 HH，根据不同的入射角，分辨率为 10—50 米。

辐射度量学：一幅雷达图片或光学图片所具有的所有物理特性：频率、振幅、色调、纹路等。

分辨率：一幅图片显示两个相近物体的能力。

裂谷：裂谷是地壳变薄的地区。地面上，裂谷的形状是一个狭长的深坑，宽度可达几十千米，长度可达几百千米。这一狭长的凹陷，以两个正常的断层为边界，被称为"边缘断层"；沉积作用形成沉积湖或导致剧烈的火山运动。例如死海裂谷和东非大型湖泊。

场景：一束雷达波扫描的空间物体。雷达扫描的场景尺寸或图像尺寸大小取决于入射角类型。在精细模式或高分辨率模式下，一个场景大约50千米 × 50千米；而标准模式下一个场景大约为100千米 × 100千米；宽广模式下可达到165千米 × 165千米。

叠层石：海生物形成的石灰质岩石——由石灰质沉淀的细纹理组成，细菌群层层叠加而起，形成表面坚硬的岩石外壳。这些细菌种类奇特，生活在氮气循环里，适合在无氧环境中生活，地球在原始大气时期才有这样的环境。由此得知，叠层石在35亿年前便已存在，在澳大利亚西部，皮尔布拉克拉通的马布尔巴南部找到的化石就能证明。但在前寒武纪（距今15亿年），克拉通在所有大陆上都存在，只是形状和结构不同。叠层石一直到7亿年前还存在，后来地球大气中氧气逐渐增加，这种细菌的数量和种类突然下降，此时就出现了新物种，它们更适应大气新的化学成分，例如出现了绿藻和光合作用。现在科学界普遍认为，这些细菌是到距今5.5亿年为止，地球上唯一的或者最主要的生命形式。

纹理：图像色调变化或明度变化的空间频率。分为微观纹理、中观纹理和宏观纹理。微观纹理即斑点，尺寸相当于一个分辨率单位。中观纹理即是雷达反散射系数的自然变化，尺寸相当于几个分辨率单位（例如，原始森林中树木和沼泽地的特征）。宏观纹理即雷达明度的变化，帮助检测到结构。纹理单位比分辨率单位大得多（例如田地边缘、道路、断层等）。换言之，纹理即色调的空间变化，和结构一样，因为空间分辨率（或基本像素的大小）而有局限性。

色调：雷达图像上可觉察出的灰色等级，或反散射信号的平均密度。色调的局部变化产生纹理。

绿色发展通识丛书·书目

GENERAL BOOKS OF GREEN DEVELOPMENT

01　　　　　　　　　　巴黎气候大会30问

［法］帕斯卡尔·坎芬　彼得·史泰姆／著
王瑶琴／译

02　　　　　　　　　　倒计时开始了吗

［法］阿尔贝·雅卡尔／著
田晶／译

03　　　　　　　　　　化石文明的黄昏

［法］热纳维埃芙·菲罗纳-克洛泽／著
叶蔚林／译

04　　　　　　　　　　环境教育实用指南

［法］耶维·布鲁格诺／编
周晨欣／译

05　　　　　　　　　　节制带来幸福

［法］皮埃尔·拉比／著
唐蜜／译

06　　　　　　　　　　看不见的绿色革命

［法］弗洛朗·奥加尼厄　多米尼克·鲁塞／著
吴博／译

07 自然与城市

马赛的生态建设实践

［法］巴布蒂斯·拉纳斯佩兹／著

［法］若弗鲁瓦·马蒂厄／摄　刘姮序／译

08 明天气候 15 问

［法］让·茹泽尔　奥利维尔·努瓦亚／著

沈玉龙／译

09 内分泌干扰素

看不见的生命威胁

［法］玛丽恩·约伯特　弗朗索瓦·维耶莱特／著

李圣云／译

10 能源大战

［法］让·玛丽·舍瓦利耶／著

杨挺／译

11 气候变化

我与女儿的对话

［法］让-马克·冉科维奇／著

郑园园／译

12 气候在变化，那么社会呢

［法］弗洛伦斯·鲁道夫／著

顾元芬／译

13 让沙漠溢出水的人

寻找深层水源

［法］阿兰·加歇／著

宋新宇／译

14 认识能源（全 2 册）

［法］卡特琳娜·让戴尔　雷米·莫斯利／著

雷晨宇／译

15 如果鲸鱼之歌成为绝唱

［法］让-皮埃尔·西尔维斯特／著

盛霜／译

16 如何解决能源过渡的金融难题

［法］阿兰·格兰德让　米黑耶·马提尼／著
叶蔚林／译

17 生物多样性的一次次危机

［法］帕特里克·德·维沃／著
吴博／译

18 生态学要素（全3册）

［法］弗朗索瓦·拉玛德／著
蔡婷玉／译

19 食物绝境

［法］尼古拉·于洛　法国生态监督委员会　卡丽娜·卢·马蒂尼翁／著
赵飒／译

20 食物主权与生态女性主义
范达娜·席娃访谈录

［法］李欧内·阿斯特鲁克／著
王存苗／译

21 世界有意义吗

［法］让－马利·贝尔特　皮埃尔·哈比／著
薛静密／译

22 世界在我们手中
各国可持续发展状况环球之旅

［法］马克·吉罗　西尔万·德拉韦尔涅／著
刘雯雯／译

23 泰坦尼克号症候群

［法］尼古拉·于洛／著
吴博／译

24 温室效应与气候变化

［法］爱德华·巴德　杰罗姆·夏贝拉／主编
张铱／译

25   向人类讲解经济

一只昆虫的视角

[法]艾曼纽·德拉诺瓦／著
王旻／译

26   应该害怕纳米吗

[法]弗朗斯琳娜·玛拉诺／著
吴博／译

27   永续经济

走出新经济革命的迷失

[法]艾曼纽·德拉诺瓦／著
胡瑜／译

28   勇敢行动

全球气候治理的行动方案

[法]尼古拉·于洛／著
田晶／译

29   与狼共栖

人与动物的外交模式

[法]巴蒂斯特·莫里佐／著
赵冉／译

30   正视生态伦理

改变我们现有的生活模式

[法]科琳娜·佩吕雄／著
刘卉／译

31   重返生态农业

[法]皮埃尔·哈比／著
忻应嗣／译

32   棕榈油的谎言与真相

[法]艾玛纽埃尔·格伦德曼／著
张黎／译

33   走出化石时代

低碳变革就在眼前

[法]马克西姆·孔布／著
韩珠萍／译